# 不扔东西的整理术

## 更 适 合 中 国 人 的 收 纳 法

[日]米田玛丽娜 著　　王世琛 苏航 译

花山文艺出版社

河北·石家庄

图书在版编目（ＣＩＰ）数据

不扔东西的整理术 / （日）米田玛丽娜著 ; 王世琛,
苏航译. -- 石家庄 : 花山文艺出版社, 2023.1
ISBN 978-7-5511-6329-3

Ⅰ. ①不… Ⅱ. ①米… ②王… ③苏… Ⅲ. ①家庭生
活－基本知识 Ⅳ. ①TS976.3

中国版本图书馆CIP数据核字 (2022) 第205960号

河北省版权局登记冀图登字：03-2022-076号

「モノが多い 部屋が狭い 時間がない でも、捨てられない人の捨てない片づけ」（米田 まりな）
MONOGAOOI HEYAGASEMAI ZIKANGANAI DEMO SUTERARENAI HITONOSUTENAI KATAZUKE
Copyright © 2020 by KOMEDA MARINA
Illustrations © 2020 by TAKAYANAGI KOTARO
Figure © 2020 by KOBAYASHI YUSHI
Photographs © 2020 by TANNO YUJI
Original Japanese edition published by Discover 21, Inc., Tokyo, Japan
Simplified Chinese edition published by arrangement with Discover 21, Inc.

书　　名：**不扔东西的整理术**
Bureng Dongxi De Zhenglishu

著　　者：（日）米田玛丽娜

译　　者：王世琛　苏　航

责任编辑：王李子
责任校对：李　伟
装帧设计：尚燕平　任尚洁
美术编辑：王爱芹
出版发行：花山文艺出版社（邮政编码：050061）
　　　　　（河北省石家庄市友谊北大街 330 号）

销售热线：0311-88643221/34/48
印　　刷：天津丰富彩艺印刷有限公司
经　　销：新华书店
开　　本：880 毫米×1230 毫米　1/32
印　　张：7
字　　数：145千字
版　　次：2023年1月第1版
　　　　　2023年1月第1次印刷
书　　号：ISBN 978-7-5511-6329-3
定　　价：59.80元

你的整理方式属于哪种类型?

# 整理类型判断

通过整理收纳意识和对家中物品的喜爱程度来判断自己属于哪种整理类型。对于以下问题,在A~E选项中,选出最符合自己情况的选项并画○。请将画○选项的分数相加,算出你的总分。

**A.非常符合　B.部分符合　C.说不清楚　D.不太符合　E.完全不符合**

## 整理收纳意识判断

| | A | B | C | D | E |
|---|---|---|---|---|---|
| 餐桌上总是很乱 | 5 | 4 | 3 | 2 | 1 |
| 会有意识地安排整理物品的时间 | 1 | 2 | 3 | 4 | 5 |
| 会有意识地清理还能使用的非必需品 | 1 | 2 | 3 | 4 | 5 |
| 能够正确地掌握家中物品的数量 | 1 | 2 | 3 | 4 | 5 |
| 很少到处找东西 | 1 | 2 | 3 | 4 | 5 |
| 家里经常有脱下后未收拾的衣服和到处乱放的包 | 5 | 4 | 3 | 2 | 1 |
| 家里有想扔掉却放着几个月没动的东西 | 5 | 4 | 3 | 2 | 1 |
| 现在使用的收纳架和收纳箱很合适 | 1 | 2 | 3 | 4 | 5 |
| 经常被家人和朋友称赞家里整洁 | 1 | 2 | 3 | 4 | 5 |
| 擅长整理物品 | 1 | 2 | 3 | 4 | 5 |

你的整理收纳意识是＿＿＿＿分。

## 对家中物品的喜爱程度判断

| | A | B | C | D | E |
|---|---|---|---|---|---|
| 能想出10个以上想向别人炫耀的家中物品 | 5 | 4 | 3 | 2 | 1 |
| 享受和家人、朋友们谈论物品的时光 | 5 | 4 | 3 | 2 | 1 |
| 买东西时,做决定要花很长时间 | 5 | 4 | 3 | 2 | 1 |
| 喜欢名牌产品 | 5 | 4 | 3 | 2 | 1 |
| 拥有收藏品 | 5 | 4 | 3 | 2 | 1 |
| 喜欢调查制造者的背景、物品制作的背景等信息 | 5 | 4 | 3 | 2 | 1 |
| 拥有历经千辛万苦才得来的物品 | 5 | 4 | 3 | 2 | 1 |
| 喜欢自己动手制作物品 | 5 | 4 | 3 | 2 | 1 |
| 经常修理家中物品,并且长期使用 | 5 | 4 | 3 | 2 | 1 |
| 家里有很多喜欢的物品,看着就觉得很幸福 | 5 | 4 | 3 | 2 | 1 |

你对家中物品的喜爱程度是＿＿＿＿分。

翻到下一页看结果!

I

# 整理类型判断结果

你的整理收纳意识和对家中物品的喜爱程度各得了多少分？
根据这两项的得分，可以将人分为4种类型。

对家中物品的
喜爱程度
50~33分

高

**秘密基地居民**

整理收纳意识
30分以上

对家中物品的喜爱程度
33分以上

整理收纳意识

低
50~30分

**垃圾站仙人**

整理收纳意识
30分以上

对家中物品的喜爱程度
33分以下

低

32~0分

*同一个人的整理收纳意识在不同时期可能会发生变化。

现在，你已经知道自己属于哪种类型了吧？从下一页开始对各个类型进行说明。

整理收纳意识

- 30分以上：意识弱
- 30分以下：意识强

对家中物品的喜爱程度

- 33分以上：程度高
- 33分以下：程度低

## 职业收纳匠人

整理收纳意识

### 30分以下

◆ ◆ ◆

对家中物品的喜爱程度

### 33分以上

高

29~0分

## 极简主义者

整理收纳意识

### 30分以下

◆ ◆ ◆

对家中物品的喜爱程度

### 33分以下

★以2019年9月对住在日本东京都及北关东的600人进行的个人调查为依据，取调查结果的中位数作为评判标准。

对家中物品的喜爱程度高，整理收纳意识弱

# 秘密基地居民

**整理收纳意识**
弱

**对家中物品的喜爱程度**
高 / 东西多

**生活**
重视对物品的感情，
房间布置得很讲究

**家里的状态**
容易被弄乱 / 找不到东西 /
无法彻底打扫 / 不方便招待客人

**拿手的整理方法**
本来就不擅长整理 /
整理过程中容易受挫

　　这种类型的人非常热爱家中的物品、兴趣广泛、喜欢的物品很明确，他们的家简直就像可以游玩的书店——Village Vanguard[1]——一样。在充满心爱物品的家中，他们可以愉快地生活，但也有难以打扫等不便之处，不过基本可以忍受。他们觉得虽然偶尔不太方便，但是住着很舒服，因此很难有整理房间的动力。他们是四种类型中整理时花费时间最长的人。

　　要注意的是，一口气扔掉很多物品的整理法对他们来说行不通。有些人会在几天后后悔，反而购买很多新物品，结果家中的物品比整理前多。

　　希望此类型的人首先对关于整理的思维模式下功夫，明确自己想要什么样的家，按照自己的节奏打造更好的家。

---

① 日本大型连锁杂货店，初期以卖书为主要目的，后来也售卖各种创意杂货。——译者注

对家中物品的喜爱程度高，整理收纳意识强

# 职业收纳匠人

整理收纳意识
**强**

对家中物品的喜爱程度
**高 / 东西多**

生活
**渴望整洁、利落的生活**

家里的状态
**虽然东西很多，但收纳得很好**

拿手的整理方法
**使用各种各样的收纳技巧
和收纳工具 / 每天都整理**

　　这种类型的人喜欢的物品很多，舍不得放弃，同时也想要整洁、利落的生活，所以每天都会将注意力放在整理、收纳上，是引领"收纳术"潮流的存在。

　　但是，能够努力收拾东西时还好，稍微松懈一些的话，家里就会变得很乱。

　　他们收拾东西要花很长时间是因为家里的东西确实很多。因此，他们需要改变对待物品的态度及管理方法。

　　理想的状态是，周末抽出 30 分钟和家人合作，很快地完成整理工作。如果能从每天都整理的状态中解放出来，自然有时间做自己想做的事。

对家中物品的喜爱程度低，整理收纳意识强

# 极简主义者

---

整理收纳意识
**强**

对家中物品的喜爱程度
**低**

生活
**重视功能性**

家里的状态
**得益于以丢弃、不买为核心的
整理方法，家里如酒店般东西很少**

拿手的整理方法
**一口气全扔掉 / 定期清理物品 /
一旦整理好，就不再添置物品**

  这种类型的人倾向于每天整理、收纳，家里的物品很少。他们以使用为前提购置物品，将便利性放在第一位，家里的物品总是很实用。每样物品都有固定的位置，用完后放回原处即可，即使不费心收拾，也能保持整洁。

  若想通过阅读本书达到更高的目标，请定期改变物品的位置。即使房间已经很整洁，也要以便于使用的理念为核心继续改善。

  推荐此类型的人重点阅读本书中的给物品贴标签及确定物品的固定位置这两部分（见第79页、第117页）。

对家中物品的喜爱程度低，整理收纳意识弱

# 垃圾站仙人

整理收纳意识
**弱**

对家中物品的喜爱程度
**低，不喜欢**

生活
**讨厌自己的家 /
想从家里逃出去**

家里的状态
**垃圾多 / 不知道东西在
什么地方 / 无法打扫**

拿手的整理方法
**虽然不擅长整理，但也不排斥
一口气扔掉很多物品的方法**

    即使听到"垃圾站"这个说法，也完全没必要感到沮丧。只要下定决心进行整理，短时间内就能让这种类型的房子发生翻天覆地的变化。

    你是否有过"这些都是垃圾，全部扔掉也没关系"之类的想法？如果你住在"垃圾站"里，请阅读从第78页开始的物品整理步骤，将物品逐个分类，选出对自己来说是垃圾的物品。即使喜欢的物品数量庞大，也不会给人造成困扰，但如果家里的"垃圾"比较多，就会带来麻烦。只要先花些时间将能清理的东西扔掉，眼前的房间就能有所改变。

    但是，开始清理"垃圾"后，可能很快就会想起对它们的喜爱。请按照自己的节奏重新审视这份感情，慢慢地仔细整理吧。

# 前言

你喜欢收拾房间吗？
你擅长扔掉东西吗？

最近，各种各样的整理方法引领潮流，人们通过电视、杂志、书籍等渠道可以学到各种类型的整理方法。应该有很多人读过数本关于整理方面的书。

在那些方法中，最受推崇的方法是**"扔掉东西的整理术"**。这种整理术的前提是以下两点：

- 家里能容纳的物品数量，就是你应该拥有的适当数量。
- 除了真正需要的物品，都该丢弃。

但是，真的是这样吗？

亲爱的读者们，大家好，我是倡导"不扔东西"的整理收纳顾问米田玛丽娜。

现在，我在Sumally公司从事关于拥有欲与生活的调查和数据分析工作，同时作为整理顾问帮助人们解决整理方面的烦恼。Sumally公司以"所有物数据化"为目标，运营推荐各种产品的社交平台

"Sumally"，并且提供收纳服务 "Sumally Pocket"。

在每天面对关于物品和生活的分析数据以及整理过程中遇到的现实烦恼时，我强烈地感受到，在拥有欲方面，人与人之间存在很大的个体差异。

**拥有欲较强的人的共同点是，想走出只属于自己的独特人生道路，将物品看作点缀人生的伙伴，享受并热爱与它们的相遇。**

实际上，对所有物进行个人调查的结果表明，越是有创造力的人，越有拥有更多物品的倾向。从著名艺术家的住宅照片中也能看出，他们不可能是极简主义者，而是对物品有偏好的人。

正在阅读这本书的你，不也是珍惜物品的人吗？

你一定是一个认真生活并且享受生活的人吧。你的家里一定也有很多让你欢笑或是鼻酸、拿在手里就会觉得幸福的宝物吧。

对家中物品的爱，是创造自己独特人生的动力源泉。希望你能将至今收集的那些物品视为人生的伙伴，深爱到底。

尽管愿望如此强烈，现实中却有很大的障碍阻挡人们对物品的喜爱——房子的面积太小。


住宅方面的地域差异正在逐年扩大。

举一个能让大家很容易地体会到这种差异的例子：实际上，东京都的平均住宅面积还不到茨城县的三分之一。

"不整洁的房间"是由于家里的收纳容量和已有物品的数量之间存在差异而产生的。当然，物品的数量越少，就越容易整理。

也就是说，大部分喜欢家中物品并且住在城市里的人既不想扔掉东西，又想过上舒适的生活，最终陷入两难的境地。

实际上，我对扔东西这件事比别人的抵触情绪更强烈，每次读到推荐扔掉东西的整理书时，我的心情都会变得很糟糕。

之所以这么说，是因为我幼年时期生活在茨城县，中学时代生活在宫城县，家里的东西一直很多，让我形成了"爱物之心美丽、丰盈"这种价值观。

我父亲的房间里堆着小山一样高的书和从世界各地收集来的工艺品。对于书房中被厚厚的专业书籍包围着的父亲的身影，我总抱有憧憬，心生敬意。母亲擅长制作东西，经常亲手制作各种各样的物件，在（季节性）节日或有客人来访的时候，总是干劲儿十足地装饰屋子。

我的老家确实有很多东西，虽然不能说家里总是很整洁，但是洋溢着幸福的氛围，让人很快乐，对我和家人来说是独一无二的地方。


包括我在内，许多人都对各种各样的物品有感情。但数据显示，现代人面临着房屋狭小的问题。在这样的背景下，为了让人们不再因为房屋狭小而放弃自己对物品的热爱，我取得了整理收纳一级顾问的资格，帮助热爱物品的人们进行整理。

我造访过很多兴趣广泛的人的家，在帮助他们的过程中，我不断摸索既能守护对物品的感情又能让房屋保持整洁的方法。

本书总结了从这些经验中得出的"**适用于热爱物品的人的整理方法**"。

即使东西多、房子小、不擅长整理、不愿意扔东西也没关系，只要以"使用频率"和"喜爱程度"为中心，认真对待每件物品，进行分类、收纳、维护就可以。

另外，**不太推荐想在1天内收拾好房间的人使用我建议的整理方法**。

一口气将东西扔掉，就能在2~3天内轻松地整理好房间。但是，这本书的目标是慢慢地、仔细地面对物品，打造一个舒适的住所。

详情请看下一页的"不扔东西的整理术"攻略图。

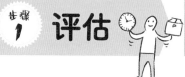

# "不扔东西的整理术"攻略图

## 步骤 1 评估

### 整体战略方案

① 掌握要整理的物品的总量。

② 以"物品轴"而不是位置来决定整理顺序。

按得眼程度从高到低的顺序来规划整理顺序

高 ↑

①文件

②食物存货

③衣服

④书

⑤日用品

低

└ 低 ————— 高 →

③ 用100厘米规格（长、宽、高相加等于100厘米）的纸箱来预估整理所需时间。

= 每箱所需时间

30分钟

④ 设定截止日期，制作时间表，确保能够整理完。

## 步骤 2 整理

### 物品的分类

① 按照整理的顺序，将当天要整理的物品装进箱子里。

② 以会使用和不会使用、喜欢和不喜欢为基本原则，从箱子里依次拿出物品，在背面贴上标签，进行分类。
这时，只需排序，不用清理。

| 要用的物品 | 不用的物品 | |
|---|---|---|
| 每月1次以上 | 喜欢的物品 | |
| 每天 | 纪念品 | |
| 每周1次 | 收藏品 | |
| 每月1次 | | |
| 每月不到1次 | 不喜欢的物品 | |
| 每年数次 | 累赘 | 价格昂贵 |
| 非当季物品 | 物欲 | 很难清理 |
| 寄存物品 | | |

1天整理1组，上限为3小时

步骤 **3** 收纳

步骤 **4** 整顿

## 研究收纳及处理方式

③ 将会使用的物品放到方便拿取的地方——手边区域。

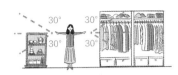

- ◆ 按照背面的标签收纳
- ◆ 遵守规则

④ 将虽然不使用但喜欢的物品收进不方便拿的地方。

- ◆ 放到家中的储物区域
- ◆ 使用外部收纳服务
- ➔ 对两者都进行可视化管理

⑤ 不要扔掉不喜欢的东西。
- ◆ 转让
- ◆ 出售
- ◆ 捐赠
- ➔ 以共享经济为前提确定处理方式

## 检查和盘点

① 每周抽出30分钟，仔细检查、盘点手边区域内放置的东西。

5分钟
检查物品是否放回了固定位置

25分钟
盘点是否需要重新规划固定位置

② 每季度检查1次储物区域，防止不用的东西成为废品。

③ 如果又变乱了，就根据自己的生活方式改变物品的固定位置。

# ⊠ 用4个步骤推进不扔东西的整理术

首先介绍一下整体流程。请一边看上一页的攻略图一边阅读，会更容易理解。

所谓整理术，由整理、收纳、整顿这3项工作构成，各项工作的目的各不相同。

- 整理：定义拥有每件物品的意义。
- 收纳：将物品放在便于使用的位置。
- 整顿：将用完的物品放回固定位置。

关于构成整理术的这3项工作，接下来依次进行介绍。在着手整理之前，步骤1——对整理进行评估——很重要。

对整理进行评估，是指根据目前拥有的物品的数量和使用频率来确定要整理的对象、顺序、所需时间及制作时间表的工作。

在本书中，我们关注的不是壁橱、客厅等收纳场所和房间，而是书、餐具、衣服等物品。

在堆满书的书架、塞满衣服的衣柜或衣柜抽屉、放满笔的抽屉等地方，拍摄自己关注的物品堆在一起的照片，根据照片推测该物品的数量和使用频率。

以箱为单位估算物品的数量，评估出整理顺序和整理所需的时间并规划时间表。

可以说，评估工作能够决定整理是否顺利。

完成评估后，就可以开始进行步骤2——整理。

整理时，要将需要整理的物品全部装进箱子里，然后逐一确认这些物品，最后将它们全部拿出来。

**整理的过程大致是以会使用和不会使用、喜欢和不喜欢为中心，思考拥有每件物品的意义，一边分类、一边在物品背面贴上标签。**

整理完成，就到了步骤3——收纳。

本书中的整理方法是按照每个物品的类别一箱箱地仔细整理、收纳。

收纳是考虑怎样放置才能最大限度地发挥物品的价值、**确定其固定位置的工作。**

另外，固定位置是以整理时贴在物品背面的标签为基础，根据使用频率来确定的。

**收纳并不是"将东西收进去，完美地隐藏起来"。**

比起常用物品被收起来的整洁房间，能舒适地取出常用物品的房间才算"收拾得很好"。

针对那些因使用频率、对物品的感情或其他特殊条件而无法收纳的物品，本书也提出了整理方法方面的建议。

这个步骤的目标是确定物品的固定位置，将物品收纳起来。

最后，是步骤4——整顿。这项工作不是一次就能完成的，它会在日常生活中一直持续下去。我们应该养成将物品放回固定位置的习惯，例如用完后放回原处、周末将乱糟糟的房间恢复原状等。

话虽如此，如果整顿工作没做好，家里就会又变得很乱。因此，本书也介绍了可持续的整顿机制和整理不顺利、家里又变乱时的应对方法。

如果你因为舍不得扔东西、不擅长整理而烦恼，其实没必要。那只是因为你不适合成为一个极简主义者。

其实我也是这样，因为我有一颗爱物之心。

一起来进行一场和有爱物之心的你相配且有个人风格的"整理大作战"吧！

# 目录

I

## PART 3　轻松维持房间整洁

# 为什么我们不整理房间

# 整理不好的原因

# 1

## 大部分人想整理却无法付出努力

我想问问各位读者，你们喜欢整理房间吗？

"虽然觉得必须整理，但完全没有干劲儿。"

"虽然买了关于整理的书，但根本舍不得扔东西，感觉很受挫。"

基于这些经验，有人可能会因觉得自己是个不会整理房间的"废柴"而失落。

第3页是根据Sumally公司在2019年9月进行的关于整理意识的个人调查（以居住在日本关东的600人为对象）的结果制作的图表。

看到这个结果，就知道能轻松整理房间的人很少。这张图表显示，约90%的人觉得整理很重要，约70%的人觉得整理很麻烦，结果就是约70%的人抱有"必须多整理房间"这种罪恶感。

也就是说，想整理却整理不好是很平常的事。

没有做成该做的重要的事，会让人有罪恶感、感到焦躁。如果是

## 大家都对整理不好这件事有罪恶感

### 你觉得整理重要吗？

2.4%　11.3%

86.3%

- 重要
- 不重要
- 不好说

### 你觉得整理麻烦吗？

18.8%

13.3%

67.9%

- 麻烦
- 不麻烦
- 不好说

### 你觉得自己应该多整理房间吗？

25.8%

8.0%　66.2%

- 应该
- 不应该
- 不好说

＊参考 2019 年 9 月 Sumally 公司《关于整理意识的调查》。

无关紧要的事，即使做不到，也不会觉得有什么。

这是在工作场合、私人生活等任何领域都适用的法则。克里·格利森[1]说过："持续不断且毫无成效地深陷于我们不得不处理的事务当中，是对时间和精力的最大浪费。"每次看到还未整理好的房间时，潜意识中能量都在不断地被消耗。

因此，希望大家能够原谅不整理房间的自己。只有这样，才能摆脱罪恶感，让内心的能量直接走向整理这个目标。

---

[1] 美国著名公众演说家。——编者注

整理不好的原因

**2**

# 每个人对舒适的房间中
# 应有的物品数量看法不同

第3页的调查结果显示，认为整理很重要的人几乎占90%。

整理房间的好处到底是什么？下面列举的3点是迄今为止广受追捧的整理方法经常被提到的优点。

① 时间优势：不会找不到东西、提高做家务的效率。
② 经济优势：不会买无用的东西、减少废弃物品。
③ 精神优势：心情变好、和他人的交流增多，一切顺利。

在这3点中，①和②大概对所有人来说都是优点。学会整理，不仅能提高个人的时间效率和经济效率，还能和家人分担家务和购物等工作。

然而，关于③精神优势，实际上个体差异很大。这是因为**每个人心中对舒适的房间状态的定义不同。**

例如，有人在办公桌上完全没有东西的状态下才能集中精神，有人却必须将东西适度分散地放在办公桌上才安心，人与人之间的差异极大。

当然，如果是垃圾太多或有东西影响工作的状态，谁都会感到不舒服。每个人对物品的喜爱程度不同，空间是否让人感到舒适也是因人而异的。

曾经有人就这个问题进行过有趣的深入研究。

在《居住空间的凌乱程度和压力之间的关系研究》（2018年，东京大学研究生院新领域创成科学研究科，千叶大树、二瓶美里、镰田实）中，以9名年轻的健康人士为对象，让他们分别进入凌乱的房间和整洁的房间，通过唾液淀粉酶来测定压力程度。房间的凌乱程度设为5个等级，实验对象在每个房间里的停留时间均为25分钟。

这个研究结果的总体倾向是，**房间越凌乱，生理上的压力反应越大。**这个结论想必大家都能理解。如果大量物品进入视野，即使只停留25分钟，压力值也会增加。

有趣的是，感受到压力的阈值却存在相当大的个体差异。有些人比较敏感，物品数量稍微增加一些就会立刻感受到压力，也有些人在房间装满东西之前都不会感受到压力。此外，还有些人反而会因为东西太少导致压力值上升。也就是说，人们常说的"稍微乱一些会比较安心"的感觉，在科学上得到了证明。

从研究结果中也可以看出，**没必要也不可能所有人都追求房间里物品极少的生活，成为所谓的"极简主义者"。**

一些人期望找到适合自己的物品数量和房间状态，目标是让自己过上想要的生活。但要找到那条刚刚好的"线"，其实非常困难。因此，这些人根本无法找到适合自己的整理方法，并且一开始整理就反复受挫。

# 让每个人感受到压力的物品数量不同

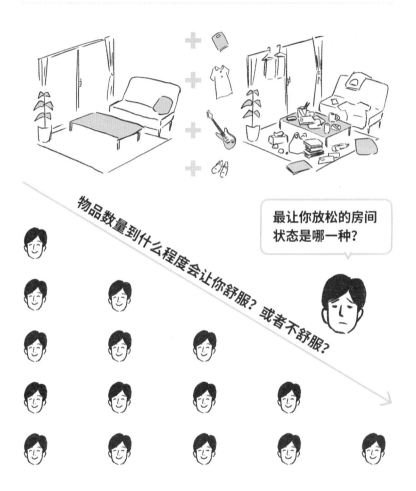

物品数量到什么程度会让你舒服？或者不舒服？

最让你放松的房间状态是哪一种？

＊参考《居住空间的凌乱程度和压力之间的关系研究》。

整理不好的原因

**3**

# 整理能力不等于人的能力！
# 只是对物品的爱超出了房子的面积

现在，街头巷尾流传着很多整理方法，整理方面的书籍也有一大堆，还有很多关于整理的研讨会。如果读过这方面的书、参加过研讨会，却还是整理不好，是不是因为你对物品的爱超出了房子的面积？

你可能在有关整理的书中看过这样的话："如果仔细检查家中的物品，留下真正需要的物品，清理不需要的物品，家中的收纳空间就会够用。你家里能容纳的物品的数量就是你应该拥有的适当数量。"

这种方法要求人们严格拣选自己拥有的物品、处理不需要的物品。如果最终能全部收好，就算成功；如果装不下，就再扔掉一些东西。重复这个过程，直到全部收好。

除此之外，还有"整理能力等于精神力量"这种说法。也有人说："房间凌乱是内心混乱的表现，无法舍弃是因为内心的迷茫和束缚。"有些书中甚至断言:"无法整理的人优柔寡断,心绪不宁。"

也许正因如此,看到屋子里装不下自己的物品,有些人会很失落,觉得自己是不会整理的"废柴"。不过,保持房间物品极简化确实很有好处。

但是,受地域差异和年代差异影响,房子的面积差别很大,兴趣和拥有欲也因人而异。

我个人无法认同收纳能力等于整理能力这种观点,更不会认为收纳能力等于人的能力。

下面请看一些关于住所和物品的统计数据,对这个问题进行深入思考。

## 大城市和小地方的住宅面积相差这么大!

第12页上方的图表是根据《2019年都道府县[①]统计数据(总务省统计局)》中各地的平均住宅用地面积数据制作的。

看了这张图表,你难道不会对不同地域的房子面积差异如此之大感到震惊吗?

从图表中可以看出,平均占地面积最大的是茨城县,每间住宅的平均占地面积是425平方米。然而,东京都的平均占地面积为140平方米,竟然还不到茨城县的三分之一。这个数据是包括东京都郊区在

---

① 日本行政区划。日本全境由1都(东京都)、1道(北海道)、2府(大阪府、京都府)和43县构成。——译者注

内的平均值，意味着东京23区的住宅面积更小。

经常有人说："即使房租一样，在东京也住不了宽敞的房子……"实际上，我也有切身体会。第12页下方的图表来自同一份统计数据，对比了日本各都道府县每月、每坪①的平均房租。

从图表中可以看出，**东京都的房租特别贵**。

山口县平均每坪的房租为3500日元，而东京都高达8500日元，约为山口县的2.5倍。

招聘平台DODA2018年进行了一项调查，结果显示，东京都的平均工资和山口县相差1.2倍。虽然东京都的平均工资比较高，但是在同等工资水平的人能够居住的房子面积方面，东京都和小地方的差距很大。

接下来，比较一下房租同样为14.5万日元的东京都和茨城县的不同住宅的户型。请看第14页。

在东京都和茨城县，即使居住人数相同，能实际利用的房间数量也相差1倍以上。如果从东京都搬到茨城县，可能会瞬间觉得管理、整理物品变得非常轻松。

为了帮大家厘清大城市和小地方的房屋面积与拥有欲的关系，在此谈谈我以前住过的房子。

我在茨城县的独栋住宅里度过了自己的童年时期。那栋房子一共有3层，还有阁楼，收纳空间十分充足。虽然从家里走到最近的便利

---

① 日本面积单位，1坪约为3.3平方米。——编者注

## 大城市和小地方的住宅情况差异巨大

### 日本各都道府县的住宅平均占地面积（每户）

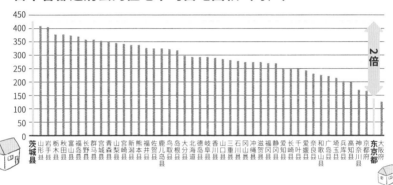

### 日本各都道府县的平均房租（每月、每坪）

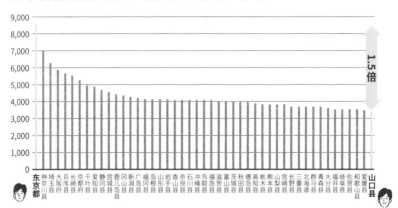

## 城市住宅面积小、房租贵

＊参考《2019年都道府县统计数据（总务省统计局）》。

店需要20分钟，但是家门口有一个很大的公园，绿意盎然，是个非常棒的地方。

中学时代我家搬到了宫城县，住在4LDK[1]的公寓里。虽然步行到便利店只要1分钟，非常方便，但是居住面积比茨城县的房子小很多，收纳从旧宅带来的东西有些困难。不过，经过母亲的努力，总算让这些东西得到了妥善安置。

后来，我考上了东京的大学，在步行8分钟左右能到吉祥寺[2]站的单间公寓里开始独自生活。那时的居住空间只有6畳[3]大。厨房和玄关几乎是一体的，收纳空间只有一个2层的小鞋柜和90厘米宽的衣柜。在向往的大城市里生活让我心潮澎湃，可是一回到家，在只有茨城县老家阁楼大小的房间里待着，有时会喘不过气来。

大学毕业后，我找到了工作，搬到了员工宿舍。从那里乘公共汽车去最近的电车站要10分钟，虽然不算特别方便，但是居住空间很大，屋子里还有储藏室，收纳空间是位于吉祥寺的家的2倍左右。

现在，我已经搬离员工宿舍，住在步行8分钟就能到市区车站的公寓里。这里的收纳容量介于吉祥寺的家和员工宿舍之间。

这些年来，为了适应生活方式的转变，我住的房子的面积就这样时而成倍扩大、时而成倍缩小。

我在茨城县的独栋住宅和吉祥寺的单间公寓之间切身感受到的差

---

[1] 客厅（Living room）、餐厅（Dining room）和厨房（Kitchen）一体化、互相连通的居住格局，是日本较常见的户型设计。4LDK即4室1厅。——编者注
[2] 东京都武藏野市以吉祥寺站为中心的区域及同市的广域地域名。车站周边是东京都有名的商业区。——编者注
[3] 日本面积单位，1畳约为1.65平方米。——编者注

# 东京都的家与茨城县的家相比，收纳空间存在巨大差距？！

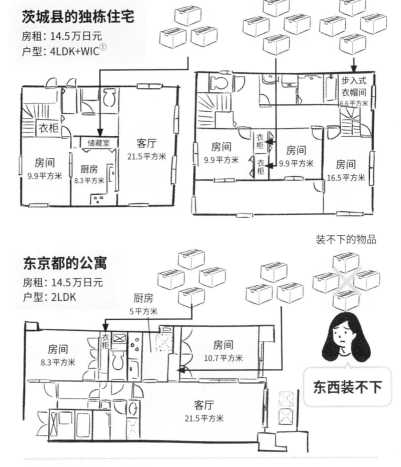

**茨城县的独栋住宅**

房租：14.5万日元
户型：4LDK+WIC①

衣柜
储藏室
客厅
21.5平方米
房间
9.9平方米
厨房
8.3平方米

步入式
衣帽间
6.6平方米
房间
9.9平方米
衣柜
衣柜
房间
9.9平方米
房间
16.5平方米

**东京都的公寓**

房租：14.5万日元
户型：2LDK

厨房
5平方米

衣柜
房间
8.3平方米
房间
10.7平方米

客厅
21.5平方米

装不下的物品

东西装不下

① 步入式衣帽间。——编者注

距，和第12页的统计数据基本没有出入。

从理论上说，茨城县居民即使拥有将近3倍于东京都居民的物品，也能好好收纳起来。

比较住在茨城县和吉祥寺时收纳东西的难度，可以看出两者的差异极大，甚至从住宅的"概念"层面已经产生了差异。因此，让自己对物品的感情和居住空间大小的变化幅度保持一致这种说法完全是无稽之谈。

这其实是理所当然的事。即使我从茨城县的独栋住宅搬到吉祥寺的单间公寓住，我对物品的拥有欲也不会减少。

实际上，从2019年9月对居住在日本东京都和北关东（包括茨城县、群马县、栃木县）的各300人进行的关于对物品的依恋和整理收纳的个人问卷调查中可知，房子的大小和拥有欲没有关系。这个调查通过关于物品的10个问题来判断人们对物品的依恋程度。

调查结果显示，东京都对物品有强烈感情的人占47%，北关东的比例则为54%。尽管这说明小地方的居民对物品的感情更强烈，但是与房屋大小的差距相比，几乎没有地域差别。也就是说，东京都居民对物品的拥有欲弱、茨城县居民的拥有欲是东京都居民的3倍等说法并不成立。

大部分整理书给出的方法都与房子的大小和居住区域无关，是统一的版本。那些书中经常有这样的说法："物品可以全部收纳起来的话，说明你擅长整理；家里放不下的话，说明你不擅长整理，你的意志力不足，请更加努力。"

由于居住区域和房子的大小方面存在差异，如果用同一标准来衡量是否擅长整理，很难让人认同。

## 和5年前相比，大城市里的房子越来越小

对居住在大城市近郊的人来说，还有更多问题。

下一页的图表展示了随着时代的变迁，东京都市圈<sup>①</sup>公寓的平均住宅面积和每坪单价的变化。黑色折线表示每坪单价，从2006年开始总体呈上升趋势。黄色折线表示使用面积，总体呈下降趋势。从图表中可以看出，东京都市圈的平均住宅面积越来越小。

地价不断上涨，人们的收入水平却保持不变。为了不增加房租支出，人们不得不缩小房间面积。

东京KANTEI公司<sup>②</sup>的调查数据显示，住宅面积狭小化的趋势不仅发生在东京都市圈，名古屋都市圈<sup>③</sup>和大阪都市圈<sup>④</sup>也一样。

在这个背景下，由于双职工家庭增加、人们的住所呈近郊化发展趋势，住在绝佳地段公寓里的人以30多岁的人为主，逐渐有所增加。

经历过搬家的人应该有这样的经验：**地理位置和面积难以兼得。**花同样的房租，选择地理位置好的房子，面积就会小；选择面积大的房子，就不得不在位置上妥协。结果，很多人会因收纳空间不足而后悔。

---

① 又称首都圈或东京圈，是以东京为中心的巨型都市圈，包括东京都、神奈川县、千叶县、埼玉县。——编者注
② 日本房地产公司。——编者注
③ 又称中京圈或名古屋圈，中心城市是名古屋，包括爱知县、岐阜县和三重县的部分城市。——编者注
④ 又称近畿圈或大阪圈，中心城市是大阪，包括大阪府、京都府、兵库县、奈良县、滋贺县和和歌山县的部分城市。大阪都市圈与东京都市圈、名古屋都市圈合称日本三大都市圈。——编者注

# 大城市的住宅面积逐年变小

### 东京23区平均面积、每坪单价的变化趋势

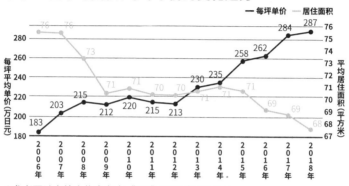

—— 每坪单价　—— 居住面积

＊参考不动产综合信息杂志《CRI》2018年12月号。

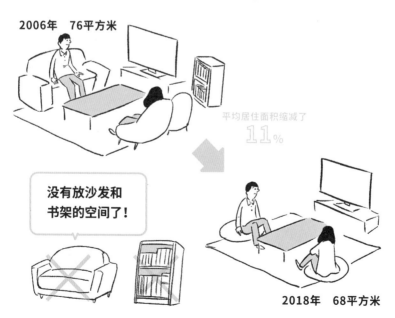

2006年　76平方米

平均居住面积缩减了
**11%**

没有放沙发和
书架的空间了！

2018年　68平方米

17

此外，不动产公司的调查报告显示，不久前很流行带步入式衣帽间的房子，很多公寓都以收纳空间充足作为卖点。但是，近年来缩小收纳空间、尽可能扩大活动空间的房间布局受到追捧。完全不具备收纳功能的设计师公寓也很流行。

在不动产公司工作的人也表示："最近不得不缩减房子的收纳空间，住户也很不满……"也就是说，**住在大城市里的人如果想过上普通生活，就要接受整理不好房间这个先决条件。**

在叹着气说自己无法整理房间之前，先看看房子的整体情况。简单来说，就是房子太小，东西放不下。话虽如此，如果为了配合房子的面积扔掉很多东西，还是会产生抵触情绪。正视这些情况，再思考如何整理吧。

## 在地理位置和户型几乎相同的前提下，房租会因有无步入式衣帽间相差10万日元左右

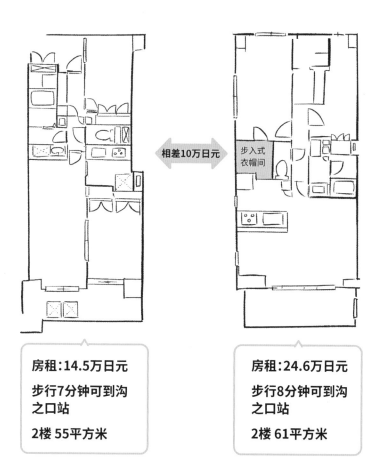

相差10万日元

步入式衣帽间

房租：14.5万日元

步行7分钟可到沟之口站

2楼 55平方米

房租：24.6万日元

步行8分钟可到沟之口站

2楼 61平方米

整理不好的原因

**4**

# 活出真实的自己、有创造力的人
# 往往是"持物派"

　　我这几年一直在就"拥有某件物品的理由"这个问题进行采访。

　　极度依恋物品的人和对物品没有特殊感情的人对自己拥有的物品的态度大不相同。对物品没有特殊感情的人会简单地因为实用性而拥有某个物品。他们说出这个理由时非常爽快，让人心情舒畅。然而，询问极度依恋物品的人拥有物品的理由时，会听到很多关于物品的小故事。而且，与对物品没有特殊感情的人相比，极度依恋物品的人整理房间花费的时间更多，进展也不顺利。他人无从得知极度依恋物品的人对物品的感情究竟是怎样的，有时甚至会让人感觉矛盾。但是，正因如此，极度依恋物品的人家中充满能量，他们拥有的物品中凝聚着他们的个性。

　　我从中得到启发，脑海中浮现出一个假设："热爱物品的人大多想追求、享受有个人特色、有创造性的人生。"

这里所说的创造性，并不是指那些伟大的艺术家、设计师、建筑师或以成为这些人为目标而努力的人具备的能力。我认为，在事物、人际交往、工作、自己的目标或生活等与人生相关的方面有独特想法的人都是有创造性的人。

为了验证上述假设，我根据个人调查，从日本一都三县①的300人中抽取了146个重视自我风格及是否有创造性的人。我将这些人看作"有创造力的群体"，并对这个群体进行问卷调查，研究他们如何看待物品、他们对物品的感情与创造力是否相关。

结果显示，跟假设一样，他们极度依恋物品。

首先，在就收集品、偏爱的物品进行问卷调查时，我发现他们收集了很多有家人相关回忆的物品、与兴趣爱好相关的收藏品、衣服、小摆件等物品。其次，调查结果显示，他们的父母同样极度依恋物品，父母家大多有很多物品。

因此，从这个简单的调查中可以看出，孩子可能会延续父母对物品的爱，至于原因是不是受幼儿时期环境的影响，还没有结论。

该调查还就调查对象及其父母的收藏品和偏爱物品进行了调查，结果显示，孩子和父母的收藏品和偏爱物品类别大致相同。

也就是说，很多时候，孩子会和父母收集同样的物品。特别是兴趣相关的收藏品这一类。父母是收藏家的话，孩子也容易成为收藏家。

最后，在这个问卷调查的自由回答部分，调查对象讲述了各种关

---

① 指东京都、神奈川县、千叶县、埼玉县。——编者注

# 孩子会延续父母对物品的爱

 **父母家东西多吗?**

不多
**26.7%**

多
**73.3%**

## 孩子和父母同样喜爱的物品排行榜

第1名　兴趣相关的收藏品

第2名　CD、DVD

第3名　衣服

第4名　钟表、首饰

第5名　书、杂志、漫画

**对物品的爱会传递给后代,
丰富他们的人生。**

于受父母影响的物品的小故事。

- 家里有很多绘画用具和画册，受此影响，从事了插画工作。
- 家里有很多赤川次郎①的书，经常阅读，所以喜欢上了读书。
- 父母喜欢露营，家里有很多户外用品，现在自己也在收集户外用品。
- 以前家里有很多本童年时期的相册，所以现在自己也自然而然地开始为家人拍摄照片留念。
- 父母喜欢音乐，经常用极好的音响播放音乐。因此，我也喜欢上了音乐，对音响设备很挑剔。

现在，也许有人会感叹："家里东西太多了，无法扔掉，也没有精力收拾。"其实，大家可以问问自己，你是否有受到长辈影响才拥有的物品？是否有让你下意识或无意识地感到依恋的物品？

**对物品的爱是创造性生活的源泉，也可以说是自己之所以成为自己的证明。**而且，自己的这种想法也会通过物品传递给后代，丰富他们的人生。拥有物品，就会有这样绝佳的效果。

请不要因为家里放不下东西而有罪恶感。我们应该认可自己拥有的宝物，并以与它们共存为人生的前提，考虑应该怎么整理、怎样舒适地生活。

---

① 日本推理小说作家。——编者注

整理不好的原因

**5**

# 不同的整理方式存在不同的问题

本书开头有关整理类型判断的测试以整理收纳意识和对家中物品的喜爱程度为标准，将人们分为4种整理类型。该分类以对日本一都三县的600位居民进行的个人调查的结果为基础。

- 职业收纳匠人：对家中物品的喜爱程度高，整理收纳意识强。
- 秘密基地居民：对家中物品的喜爱程度高，整理收纳意识弱。
- 极简主义者：对家中物品的喜爱程度低，整理收纳意识强。
- 垃圾站仙人：对家中物品的喜爱程度低，整理收纳意识弱。

对家中物品的喜爱程度
50~33分

高

### 职业收纳匠人

整理收纳意识：强
对家中物品的喜爱程度：高/东西多
生活：渴望整洁、利落的生活
家里的状态：虽然东西很多，但收纳得很好
拿手的整理方法：使用各种各样的收纳技巧和收纳工具/每天都整理

### 秘密基地居民

整理收纳意识：弱
对家中物品的喜爱程度：高/东西多
生活：重视对物品的感情，房间布置得很讲究
家里的状态：容易被弄乱/找不到东西/无法彻底打扫/不方便招待客人
拿手的整理方法：本来就不擅长整理/整理过程中容易受挫

整理收纳意识

29~0分

 高

低

50~30分

### 极简主义者

整理收纳意识：强
对家中物品的喜爱程度：低
生活：重视功能性
家里的状态：得益于以丢弃、不买为核心的整理方法，家里如酒店般东西很少
拿手的整理方法：一口气全扔掉/定期清理物品/一旦整理好，就不再添置物品

### 垃圾站仙人

整理收纳意识：弱
对家中物品的喜爱程度：低，不喜欢
生活：讨厌自己的家/想从家里逃出去
家里的状态：垃圾多/不知道东西在什么地方/无法打扫
拿手的整理方法：虽然不擅长整理，但也不排斥一口气扔掉很多物品的方法

低

32~0分

## 使用一般的整理方法，有些人容易受挫

4种整理类型的人对物品的喜爱程度和整理意识的强弱不同，所以，最适合各类型的人的整理方法自然也不同。

关于这一点，为了进一步调查，我又以住在日本关东的300人为对象，对以下4种常见的整理方法的使用经验和印象做了问卷调查。

整理法① **5秒内决定是否扔掉**：一件一件地取出物品，5秒内判断是否留下，处理掉不需要的物品。

整理法② **心动判断法**：只留下看到会心动的物品，扔掉无法让自己心动的物品。

整理法③ **运用收纳工具**：利用伸缩杆、S形挂钩、百元店①的商品来增加收纳容量。

整理法④ **每天整理**：每天抽出15分钟少量多次地整理，保持整洁的状态。

关于调查结果，请看第28页的图表。

首先是实施率，即调查各类型中有多少人实际尝试过以上4种整理方法。结果显示，超过半数的职业收纳匠人尝试过所有的整理方法。他们会在日常生活中反复试错。从调查结果来看，很多职业收纳匠人尝试过3到4种，这让我印象很深刻。秘密基地居民仅次于职业收纳匠人，也尝试过各种整理方法。而垃圾站仙人可能对整理不太感

---

① 售卖绝大多数日用品的商店，商品价格一律为100日元。——编者注

兴趣，和其他类型的人相比，似乎1种都没尝试过。

其次是挫折率，即调查各类型人群尝试以上4种整理方法的结果是成功还是失败。引人注目的是秘密基地居民，他们在所有的整理方法上都有超过半数的挫折率。

特别是每天整理这个方法，使70%的人遭受了挫折。不知挫折为何物的是极简主义者，对于5秒内决定是否扔掉这个方法，他们竟然全员成功。

最后是觉得某种整理方法适合自己的比例——适应率。不管是否实际体验过，调查对象都会先判断那个方法是否适合自己，然后作答。在认为5秒内决定是否扔掉这个方法最适合自己的调查对象中，对物品的喜爱程度较低的极简主义者最多，占全体的60%。

另一方面，比起"丢弃系"整理方法，秘密基地居民觉得每天整理更适合自己。他们认为，5秒内难以做出判断，扔掉容易后悔，而且他们没有时间一口气整理完毕。话虽如此，从挫折率可以看出，很多人想每天坚持，却总是三天打鱼，两天晒网。由此可见，对**无法丢弃物品、依恋物品、没时间每天整理物品的秘密基地居民来说，使用一般的整理方法很难得到预期结果**。同样依恋物品、整理收纳意识很强的职业收纳匠人致力于实践各种整理收纳法，在整理方面花了很多心思。虽然他们尝试了各种方法，但并没有遇到挫折，相当努力地进行整理。虽然这份努力值得赞扬，但很难坚持下去。

# 适合不同整理类型人群的整理方法不同

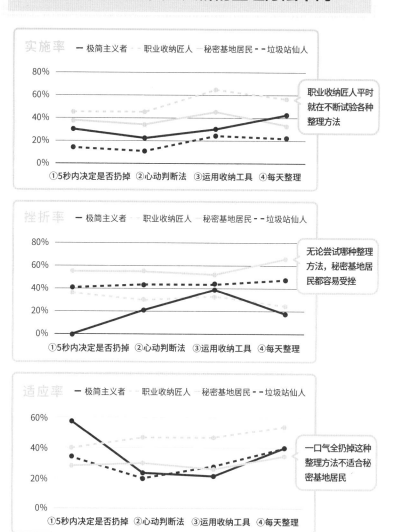

**实施率** ━ 极简主义者 ‥‥ 职业收纳匠人 ‥‥ 秘密基地居民 - - 垃圾站仙人

职业收纳匠人平时就在不断试验各种整理方法

①5秒内决定是否扔掉 ②心动判断法 ③运用收纳工具 ④每天整理

**挫折率** ━ 极简主义者 ‥‥ 职业收纳匠人 ‥‥ 秘密基地居民 - - 垃圾站仙人

无论尝试哪种整理方法，秘密基地居民都容易受挫

①5秒内决定是否扔掉 ②心动判断法 ③运用收纳工具 ④每天整理

**适应率** ━ 极简主义者 ‥‥ 职业收纳匠人 ‥‥ 秘密基地居民 - - 垃圾站仙人

一口气全扔掉这种整理方法不适合秘密基地居民

①5秒内决定是否扔掉 ②心动判断法 ③运用收纳工具 ④每天整理

＊参考 2019 年 12 月 Sumally 公司《关于拥有欲的调查》。

## 极简主义者在时间、经济方面的高效生活

幸福因人而异，对物品的依恋之情会让人生更有深度。但是，如果对物品没有依恋之情，就可以不受局限，过上轻松、愉快的生活，这的确是事实。

而且，就生活中的"效率"这一点而言，极简主义者取得了压倒性胜利。在对住在日本关东的600人进行的个人调查中，有对4种类型的人做家务的情况以及精神状态进行的调查。结果显示，与其他类型相比，极简主义者在以下4个方面占优势。

- 做家务（用吸尘器打扫、擦桌子、除尘、烹饪）很轻松。
- 与家人的沟通很活跃。
- 工作进展顺利。
- 可以随时招待朋友。

如此看来，也能理解为什么很多整理书中都有"将东西扔掉、生活就会变好"这种说法。

极简主义者只保留最少的必需品，往往填不满收纳空间。房间里的东西越少，就越容易打扫、越容易找到需要的东西。

**拥有物品虽然能让人感觉充实、幸福，但与此同时，物品会很难管理，还会降低时间和经济方面的效率。**

即使是很喜欢像图书馆或博物馆那样东西密密麻麻地排列着的空间的人，如果待在一个物品上满是灰尘、排列顺序乱七八糟、不知道东西在哪里的房间里，也会觉得不方便。

# 极简主义者的生活高效、无浪费

**Q** 是否觉得用吸尘器清理地板很轻松？

| 极简主义者 | 职业收纳匠人 | 秘密基地居民 | 垃圾站仙人 |
|:---:|:---:|:---:|:---:|
| 32%<br>68% | 40%<br>60% | 35%<br>65% | 59% 41% |

　是　　否

| 东西多的房间 | 东西少的房间 |
|:---:|:---:|

- 不知道东西在哪里
- 重复购买已有的物品
- 难以打扫

- 不会找不到东西
- 减少不必要的购物
- 打扫很轻松

另外，如果不了解自己有什么物品，就会重复购买已有的物品，造成经济方面的浪费。

特别是打扫的方便程度，和无法收起来、只能放在地板上的东西的数量明显成反比。在这一点上没有个体差别。如果地板上什么都没放，可以使用扫地机器人自动清扫。

## 目标是拥有极简主义者同款的高效运转房间

本书的目标是帮助属于不同整理类型的人打造一个既能守护对物品的爱又能像极简主义者的家那样高效运转的房间。

特别是秘密基地居民和职业收纳匠人，以及在垃圾站仙人和秘密基地居民之间徘徊的人，非常值得一试。当然，如果对物品有感情的极简主义者能有效地利用本书中的方法，也能追求更高效、更舒适的生活。

从"像极简主义者一样"这句话中可以看出，本书介绍的是不必扔掉很多东西就能让家里变得清爽的整理方法。

首先，将家里的空间分为容易够到的手边区域和难以够到的储物区域。

对于手边区域，只需仔细检查真正使用的物品并进行分类，按照规则收纳至最精简的程度。储物区域指的是收纳不用但喜欢的物品的地方。最好不要丢弃那些具有创造性、让人生丰富多彩的物品。在规划储物区域时，不要将目光局限于家中，有时也可以考虑外部空间。

其次，所谓整理，并不是单纯地以收纳东西为目的。**高效地收纳**

好物品，却不清楚每样物品在哪里、什么时候应该取出使用的话，拥有物品就没有意义。正因如此，我们更应注重管理方法，以达到物质上和精神上的极简状态为目标。

接下来将进入"不扔东西的整理术"实践篇。

# 获得高效、有创造力的生活吧！

· 轻松做家务
· 沟通更顺畅
· 能招待客人

**高效的生活**

+

· 接受来自物品的刺激，过上更有创造力的生活
· 被心爱的物品和带着回忆的物品包围，内心充实、满足

**热爱物品的创造性生活**

**要用的物品**

**不用但喜欢的物品**

家里的储物区域

架子　　　　衣柜

外部收纳空间

仓库

对手边区域进行极简收纳

对储物区域进行可视化收纳和管理

**专栏**

# 了解家人的整理类型，建设幸福家庭

每个人都曾和家人、恋人因物品的管理问题发生过争执吧？

即使生活在一起，也很难看出对方是否对某样物品抱有感情或特殊情结。

根据Sumally公司曾经进行的一项调查，因物品问题发生过纠纷的夫妻约占全体调查对象的70%，因为物品发生纠纷而后悔结婚的夫妻约占50%，因为物品纠纷而陷入离婚危机的夫妻甚至高达33%！由此可见，夫妻之间关于物品的纠纷频繁发生。有些人会因为对方将自己重要的东西随意扔掉而故意将对方的东西藏起来，或者反过来指责对方东西太多。这些与物品相关的纠纷是导致家人间不信任感越发严重的原因。

请务必和家人、恋人一起，做一下本书开头介绍的整理类型判断测试。接下来对理想的整理类型组合进行说明。

- 极简主义者和极简主义者。
- 极简主义者和垃圾站仙人。

- 职业收纳匠人和职业收纳匠人。
- 秘密基地居民和职业收纳匠人。

在这些组合中，基本上只要按照各自的价值观生活，就不会发生纠纷。如果发生纠纷，让擅长收纳的一方决定整理规则，另一方照着做，就能顺利解决。如果被擅长收纳的一方以高压的态度责问为什么不好好收拾，就坦率地告诉对方自己不知道收纳方法，向对方详细地请教收纳规则吧。

如果对物品的喜爱程度不同的人进行组合，纠纷可能会频繁发生。

- 职业收纳匠人和极简主义者。
- 秘密基地居民和极简主义者。
- 秘密基地居民和垃圾站仙人。

如果是前2种组合，极简主义者会在未注意到对方对物品很有感情的情况下丢弃物品，伤害对方，或者对平时不整洁的家表现出焦躁的情绪。

另外，如果两个整理收纳意识不强的人组合在一起，虽然氛围比较轻松，但家里会很乱。从这个意义上来说，秘密基地居民和垃圾站仙人这个组合很危险——"垃圾"和带着回忆的物品混杂在一起，难以分清，不久后一切都像"垃圾"，让秘密基地居民失去生活的希望。

和其他组合相比，包含两个极简主义者的理想组合效率特别高。因为东西很少，不可能随意丢弃，也不容易丢失，打扫工作可以直接交给扫地机器人。

## 和家人分享成功的经验

如果你读完本书，成功地在自己的房间里践行了极简主义，一定要和家人分享成功的经验。即使你好不容易打造出一个完美的房间，如果家人不断地制造混乱，你的努力也会化为泡影。

另外，如果制定了家人无法遵守的规则，为了让家里保持整洁，你必须独自战斗。不要一个人承担整理工作，一定要注意制定全员都能遵守的规则。

真的觉得很困扰的时候，可以将整理收纳顾问叫到家里，和家人一起进行咨询。让局外人以客观的角度了解每个人重视的事、不希望别人做的事、可以帮忙的事，就可以防止家庭成员因为整理发生争执。

如果父母、朋友中有擅长整理物品的人，请他们来家里商量也会有好处。

不要因为整理类型不同而互相敌视、互相伤害，为了建设幸福家庭，和家人协力收拾吧。

PART

# 2

## 现在开始整理吧

步骤

# 1

不扔东西的整理术——
评估和调度

# 不扔东西的整理术——
# 4个心理准备

请环顾家中，拿起几件你最喜欢的物品。看到这些物品，你会想到什么？关于它们，你又能说出怎样的故事？

## ▌ 家里的物品可以分为要用的和喜欢的

在衡量对物品的喜爱程度时，有一个简单易懂的指标——可代替性。

假设你喜欢一把剪刀。试着想象一下，如果用功能相同的物品替代这把剪刀，你心里会不舒服吗？

如果喜欢这把剪刀是因为它锋利、轻巧，即使换了另一把同样规格的剪刀，也不会有什么特别的想法。但如果喜欢的原因是这把剪刀的设计，或是将它作为礼物送给你的人，它承载着许多回忆，即使得到新剪刀，你也会因失去这把剪刀而感到难过。

拥有物品的理由很多：为了自己使用、为了招待他人、为了支持他人……或是总觉得扔掉很麻烦。

**如果只是看到家里的某件物品就能感觉到温暖、幸福，证明你确实爱着那件物品。**

即使有最多留下 2 箱带回忆的物品、购物时只能买架子容纳得下的量等规则，那些觉得贯彻对物品的爱比打造舒适房间更重要的人也完全没有整理的动力。

有些人可能会有"如果是为了喜欢的东西而忍耐，房间再小也没关系"这种逆反心理。正因如此，一般的整理方法行不通，他们也没有太多精力去整理。

我想告诉拥有爱物之心的人的整理方法与一般的整理方法不同，是一种不扔东西的整理术。以下是这种整理术的 4 个基本原则。

① 放弃扔掉很多东西的想法。
② 忽略房间的大小，专心整理物品。
③ 不要一口气整理完，1 天最多整理 3 小时。
④ 明确自己喜欢什么。

有人可能会有这样的疑问："这不是和一般的整理方法完全相反吗？"但这种方法确实奏效。

有些整理书以让所有人都成为极简主义者为目标，所以只适合那

## 拥有物品的3个理由

Q 为什么会拥有某件物品?

因为喜欢

因为要用

因为扔掉
很麻烦

些冷静地看待物品的用途、与物品保持距离并爽快地分类、将没用的东西干脆地扔掉的人。而且，每天拼命挤出时间维持屋子的整洁是否符合自己本来的人生目标也是个疑问。

本书的目标是，在不扔东西的前提下，过上舒适的生活，以最少的努力维持房间整洁。

接下来对上面提到的4个基本原则逐一进行说明。


# ▶ 放弃扔掉很多东西的想法

**极度依恋物品的人一口气扔掉很多东西的话，一定会后悔。**

对买东西时花时间仔细考量、买到后很珍惜的人来说，如果在短时间内一股脑儿将东西全扔掉，一旦觉得自己扔错了，就会非常后悔。为了排解郁闷的心情，很多人会购买新的物品。这是房间收拾好后马上又会变乱的原因之一。

整理的目标并不是扔掉多少物品。只有对物品无感的人才会因门口放着大量要扔掉的垃圾袋而心情愉快。**要将提高剩余物品的质量当作最终目标。**

即使在整理过程中只清理出少量垃圾也没关系。定期整理物品本身就会加深对物品的爱意。就算没能扔掉任何物品，能够重新考虑物品的意义也是很有意义的事。

## ⚑ 忽略房间的大小，专心整理物品

收纳是有效利用物品的手段，并不是目的。房子的大小和你对家中物品的感情没有必然联系，所以，将物品和收纳这两者分开考虑，整理完后就不会后悔。

忽略房间的收纳容量，只要思考这些物品对自己有什么意义，认真地进行整理即可。


## ⚑ 不要一口气整理完，1天最多整理3小时

经常有人说："整理东西时不要拖拖拉拉的，要一鼓作气。"但是，这句话对依恋物品的人来说根本不起作用。

整理是一项需要集中精力的活动。每个人能持续做出正确判断的极限是3小时。只能以每天3小时以内为标准，稳步推进整理工作。

我自己也是如此，从不接受单次超过3小时的整理委托。虽然整理前后的对比效果并不明显，但是不慌不忙地仔细整理，之后才不会后悔。

据说，独居人士收拾整间屋子平均需要20~30小时。如果集中在假期进行，1天整理10小时，连续整理3天就能一口气做完。

但是，1天连续整理3小时以上，不管结果如何，都会让人变得很暴躁。

"太麻烦了，干脆全部扔掉！"在想扔掉很多东西的时候，这种自暴自弃的状态会有积极作用。感觉被麻痹了，判断也变得大胆，在

这种恍惚的状态下可能想扔掉所有东西。整理结束后不久，很有可能会因为顺势扔掉东西而后悔。

**理想的状态是，在埋头收拾东西的过程中，突然发现家里在不知不觉中几乎变成了极简主义状态。**如果达到这种状态，每周只要花30分钟就能维持整洁，让自己真正拥有理想中的家。


## ⚑ 明确自己喜欢什么

虽然对物品的喜爱程度因人而异，但根据类别来区分，有强烈吸引人的物品和不怎么吸引人的物品。

在开始整理之前，为了使自己的想法可视化，试着列出一个**喜欢的物品排行榜**。

喜欢的物品一般有以下几个特点：

- 喜欢买这类物品。
- 光是看着它们就很兴奋。
- 完全不会考虑舍弃它们。

也就是说，喜欢的物品是会让自己的内心动摇的物品。

先环顾一下房间，在纸上逐一写下自己想到的喜欢的物品。不用管物品的大小，例如将吉他和化妆品样品同等看待为自己喜欢的东西。写好之后，请像下一页那样按喜爱程度的高低进行排序，做成排行榜。

# A女士喜欢的物品排行榜

第1名
偶像周边商品

第2名
文具

第3名
录制了电视节目
的DVD

第4名
乐器

第5名
餐具

第6名
徽章

第7名
黏土制品及
手作物品

直面自己的内心，
将喜欢的物品都写下来吧

这个排行榜会影响实际进行整理时的顺序。因为**整理感情较深的东西很费时间，所以最好最后进行**。

如果是和家人一起生活的人，请全家一起制作这个排行榜。**要想和家人一起融洽地完成整理工作，了解彼此重视的东西非常重要。**

通过了解家人的想法，能够知道哪些是自己想不到但对对方来说很重要的物品，从而避免误扔那些物品引发纠纷或强制收拾导致不愉快的情况。例如，纸袋、箱子、丝带、包装纸之类的物品你一看就觉得没什么用，对某些人来说可能很重要。强迫对方扔掉自己认为是"垃圾"的物品，会让对方整理物品的动力大打折扣。一旦对方深信你会扔掉他们的所有东西，不仅会对你封闭内心，还会将东西都藏起来，让整理工作完全无法进行。


## ▌请珍惜不想扔掉东西的想法

在这里，我想介绍一下20多岁、过着独居生活的A女士的情况。

如第45页所示，A女士有很多喜欢的物品。在这些物品中，她对录制了电视节目的DVD有特殊感情。

她每天都会实时观看电视节目，所以基本不会重看节目录像。此外，她还开通了奈飞①会员，要看的内容很多。

客观来看，我想建议她扔掉不会重看的DVD。但是，在给DVD分

---

① 美国的会员订阅制流媒体播放平台。——编者注

类的时候，A女士的动作自然地停了下来。

原来，A女士有非常喜欢的偶像，她会抱着支持他们的心情录制相关节目。对A女士而言，这些DVD就像亲生孩子的运动会录像一样可爱，绝对不会考虑丢掉。于是，我在帮A女士整理的时候，没有动这些DVD和偶像周边商品，而是将它们装进箱子里，暂时放在不影响整理的地方。

你应该也有无论如何都不想扔掉的东西吧，请珍惜这样的想法。

这绝不是任性或懒散的想法。对物品的喜爱与它的价格和社会价值无关，完全取决于个人感情。认真面对自己的这份喜爱，按照适合自己的顺序进行整理，推进起来就会非常顺利，心情也会很好。

# 不扔东西的整理术的 4 个基本原则

① 放弃扔掉很多东西的想法

扔东西本来就不是整理的目的。

② 忽略房间的大小，专心整理物品

不必因为房间小就抑制对物品的喜爱，而且有些东西并不是非扔不可。

③ 不要一口气整理完，1天最多整理3小时

一鼓作气地扔掉东西，速度自然很快，但判断可能会不准确。扔掉没必要扔的东西，之后会后悔。

④ 明确自己喜欢什么

整理喜欢的东西很费时间。确保留出足够的时间，仔细地进行整理。

对整理的评估

**2**

# 估算家中物品的总量，预估
# 整理的总体情况

经常有人向我咨询："家里很乱，不知道该从哪里开始整理。"还有些人嘴上说："有时间就整理。"却一直拖延。

如果因为不知道该从哪里着手就随便开始整理，很有可能永远都无法整理完。

因此，在整理策略中，粗略地评估整体情况非常重要。

- 要整理的物品大概有多少？
- 应该按照什么顺序进行整理？
- 大约需要多长时间？

做完评估后，拟订一个保证能执行的整理日程，是让整理工作顺利进行的诀窍。

接下来，先从估算需要整理的物品总量开始说明。

## ⚑ 拍摄家中的物品，了解现状

首先，用手机拍摄家里的物品。需要注意的是，**不必拍摄整个房间的照片，只要拍摄物品的集合即可**。务必保证照片中的每件物品都能被识别。柜子要打开，抽屉也必须一层层拉出来，将所有东西都拍下来。

其次，拍照时，绝不能因为无法忍受家中的凌乱而直接开始整理，也不要整理或隐藏任何东西，一定要客观地拍摄它们原本的样子。这是因为了解现状很重要。

此处以N先生的家庭（成员为30多岁的夫妻和1个孩子）为例进行介绍。

N先生花了20分钟拍摄了家中物品的集合，共50张照片（如第51页所示）。

## ⚑ 根据物品的碍眼程度和使用频率来决定整理顺序

拍完照片后，就要决定整理的顺序。可以**根据碍眼程度和使用频率来决定整理的优先顺序**。

所谓碍眼程度，就是对照片上的凌乱状态的容忍程度。**寻找平时**

书

食物存货

**N先生的家**

衣服

日用品

文件

就很介意的碍眼物品的集合，例如乱糟糟的文件堆、从衣柜里溢出来的衣服堆等。

**使用频率与近一月内是否用过有关。** 大致算一下1张照片中当月使用过的物品比例。

逐个仔细检查不太现实，可以如下一页所示，将照片分成4个部分，进行简单的检查。

你可以问问自己，照片中右上角的物品这个月用过吗？

一般来说，**家中80%的物品1个月甚至不会用1次。** 无论是居住空间还是收纳空间，里面的东西使用频率越高，那个空间就越会被充分利用。

此外，在极简状态的房间中，衣柜、壁橱等固定收纳空间内物品的使用频率为50%，居住空间内物品的使用频率为90%。

就像这样，根据照片判断物品集合的碍眼程度和使用频率，将它们整理成可见的形式。

请如第54页所示，在纸上简单地画一个映射表。纵轴表示碍眼程度，横轴表示使用频率。将照片中物品集合的名称写在图表中。这时，**不要写客厅、衣柜等场所名称，要写文件、衣服等物品名称。**

写好之后，从图表左上角碍眼程度高、使用频率低的物品开始，按顺序编号。这就是**实际进行整理的顺序。**

## 将照片分成4个部分，轻松检查使用频率！

### 衣服

你最在意哪个区域？
有没有完全不穿的衣服？

### 日用品

哪个区域的东西使
用频率较低？
有没有放着不用的
东西？

# 碍眼程度和使用频率决定整理顺序

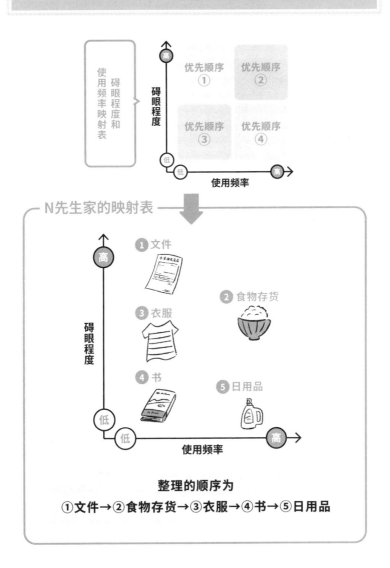

碍眼程度和使用频率映射表

碍眼程度

优先顺序 ①    优先顺序 ②

优先顺序 ③    优先顺序 ④

高

低

低    使用频率    高

N先生家的映射表

碍眼程度

高

① 文件

② 食物存货

③ 衣服

④ 书

⑤ 日用品

低

低    使用频率    高

整理的顺序为

①文件→②食物存货→③衣服→④书→⑤日用品

如果这张映射表的左上角有你非常喜爱的物品，一定要注意。一开始就整理自己喜欢的物品，很容易受挫，应该将它们排到后面。

第54页底部的图表是前面的例子中N先生根据自家情况制作的映射表。

做好映射表，记得拍张照，可以用于今后的调度和事后回顾。

## ▶ 以箱为单位计算物品总量

还有需要进一步确认的地方——物品总量。

请准备100厘米规格的纸箱，快递箱（普通的中等规格纸箱）之类的就可以。因为一件一件地数物品的数量不太现实，所以大致估算一下如果装进这样的纸箱中，能装多少箱，掌握大概数量即可。如果只看照片不好估算，可以将纸箱拿到物品旁，实际放入一两件物品，就能估算出大致的箱数。不必评估得很严格，建议稍微多估算几箱。

像这样大致估算完每种物品的箱数后，在映射表的项目名称旁写下箱数（见第65页）。

最后，计算物品的总箱数，那就是需要整理的物品总量。

明白了这一点，之后考虑收纳时可以通过比较物品总量和收纳空间的容量客观地判断收纳空间里的东西是不是过多。上面提到的N先生家的情况如下所示。

- 优先顺序① 文件：6箱。
- 优先顺序② 食物存货：4箱。

- 优先顺序③　衣服：23箱。
- 优先顺序④　书：12箱。
- 优先顺序⑤　日用品：3箱。

共计48箱。

一般来说，每位家庭成员平均拥有1500件物品，能装满20箱左右。如第57页的图片所示，很容易估算出三口之家的物品总量大约为4500件（能装60箱）。

近几年搬过家的人可以看看当时一共用了多少个纸箱，应该很有趣。这样可以看到搬进来的时候和现在的物品总量之间的差距。

顺便说一句，虽然过着独居生活，但我拥有1803件物品，略高于平均水平。特别是藏书和带着回忆的东西很多，实际清点一下就清楚了。

其实，我们不必将家中的所有物品都装进箱子里并弄清物品总量。人均拥有的物品箱数为20箱，这个标准可以帮助我们判断需要整理的物品是多还是少。

如果仅1种物品就有很多箱，那么这个数量既是你对物品喜爱程度的体现，也是你整理时要面对的挑战。

# 三口之家共有4500件物品！

1人=75件 ×20箱

1人=75件 ×20箱

1人=75件 ×20箱

対整理的评估

# 3

# 估算整理所需的时间

你已经确定了需要整理的物品集合和整理顺序，以及各类物品的具体数量和物品总量。接下来应该估算整理所需的时间。

整理所需的时间与物品总量成正比。用100厘米规格的箱子衡量物品总量，更容易估算出整理所需的时间。

以**整理每箱物品大约需要30分钟**为基准，根据上一步得出的每种物品的箱数，估算整理所需的时间。

例如，N先生家需要整理的物品总量是48箱，如下所示，以一箱需要30分钟来估算，整理所需的时间大概为24小时。

- 优先顺序① 文件：6箱。
- 优先顺序② 食物存货：4箱。
- 优先顺序③ 衣服：23箱。

- 优先顺序④　书：12箱。
- 优先顺序⑤　日用品：3箱。

| 共计48箱 | ➡ 整理需要24小时。 |

估算完毕，就要规划具体日程。

对整理的评估

4

# 规划具体日程，确保完成整理工作

一旦估算好整理所需的时间，就必须将整理工作放在首位，规划具体日程。这是为了避免"等有空的时候再收拾就行"这种拖延的情况。

在史蒂芬·柯维[①]所著的《七个习惯（全译本）》一书中，提到"时间管理矩阵"这个概念，以重要性和紧急性为判断标准，将日常生活中的时间划分为4个领域。

第1领域是紧急领域。该领域包括在重要且紧急的状态下，**每个人都会优先考虑，并且不管愿不愿意都要做的事**。例如有截止日期的工作、重要会议等。

第2领域是价值领域。包括**重要但不紧急、稍不注意就容易往后**

① 美国管理学专家。——编者注

推的事。特征是完成后会很充实。做这些事花费的时间可以说是进行自我投资的重要时间。学习、运动、人际交往就属于这个领域。

第3领域是错觉领域。该领域包括不重要但紧急的事，也被认为是一些浪费时间的事。例如没有意义的会议、电话咨询、聚会等，都是因为有需要应付的对象，所以不得不抽出时间参加的事。

第4领域是无用领域。顾名思义，这个领域中都是一些无意义的事。在工作中，最好不要浪费时间；但在私人生活中，区分哪些是无用的事有些困难。

例如，如果能通过看电视转换心情，变得充满活力，可以将它归入第2领域。但是，如果是长时间无所事事地看电视，最好归入第4领域。

在日常生活中，你是否觉得很难为第2领域中的自我投资相关事项腾出时间？

假如你正准备做重要的记账工作（第2领域），突然接到朋友的电话，就闲聊了1小时（第3领域），结果还没开始记账就到了准备晚饭的时间（第1领域）。如果你总是这样，很难确保拥有属于自己的时间。

从根本上讲，整理属于第2领域。除了那些意志坚强、坚持自我投资的人，很多人都会因其他急事而分心，推迟整理工作。

请让整理进入第1领域。有3种方法可以提高整理的优先级，使其进入第1领域。

① 确定完成整理工作的截止日期，制订整体计划。

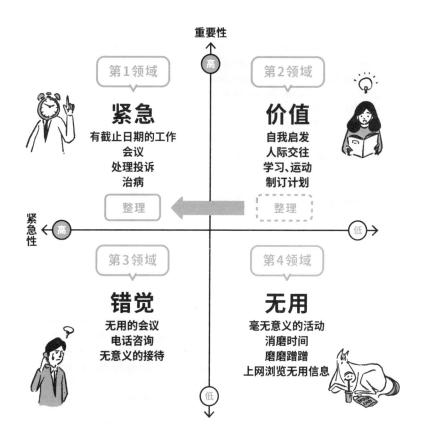

重要性

高

第1领域

第2领域

**紧急**
有截止日期的工作
会议
处理投诉
治病

**价值**
自我启发
人际交往
学习、运动
制订计划

整理

整理

紧急性

高

低

第3领域

第4领域

**错觉**
无用的会议
电话咨询
无意义的接待

**无用**
毫无意义的活动
消磨时间
磨磨蹭蹭
上网浏览无用信息

低

② 调整计划，确保执行，让家人都参与其中。

③ 准备一些小奖励，让整理变得有趣。

这类似于下面这种提高减肥、美容、健身事项优先级的行为。

① 向周围的人宣布自己会在婚礼前瘦下来。

② 和朋友约好每周一起去健身房。

③ 锻炼结束后去咖啡店享受女性好友之间的快乐时光。

## ▌ 确定完成整理工作的截止日期，制订整体计划

根据第58~59页对整理所需时间的估算，首先要确定截止日期。需要注意的是，1天最多整理6箱东西，即整理时间不超过3小时。第43页提到，能够持续对物品做出正确判断的时间最多不超过3小时。

虽然可以自由设定截止日期，但除了"每天最多3小时"这个规则，还要考虑整理速度的合理性。假设按照每周1~2次的速度，1~2个月就可以完成整理工作，然后确定截止日期，制订具体计划。

如果在确定的截止日期后安排一些活动，例如举办家庭聚会、在客厅里拍全家福等，就可以营造出"不得不做"这种外部压力环境，更容易让整理工作持续处于第1领域。

例如，N先生家的整理日程是这样的：物品总量为48箱，估算整理所需的时间为24小时；按照1周整理1~2次、1次整理3~6箱（每次最多3小时）来算，需要2个月，所以将截止日期定在2个月后，再制

订具体计划；按照第54页确定的优先顺序，从文件类开始整理。


## ⚑ 要在1天内完成整理及收纳工作

**需要注意的是，只需要整理好当天决定要整理的箱子。**

这是为了能一次完成整理和收纳工作。

如果不划分时间和地点，只是无休止地整理东西，就无法决定到哪一步收手，会在半途而废的状态下结束。光是将东西都摊开，截止时间就到了，反而会让房间变乱。在电脑上整理数据的话，可以随时停止。但整理房间不一样，如果中途停止，就会影响日常生活。

从第78页开始会对这个步骤进行详细说明。将当天决定整理的东西拿出来整理好之后，要完成收纳工作。

根据喜爱程度、使用频率、家庭成员人数的不同，会有很多像衣服和收藏品这样无法一次整理完的物品。实际上，N先生的家人也将整理衣服的日程分为4天。在这种情况下，除了物品的类别，还要考虑收纳场所、物品的主人是谁等方面，确保一次完成整理和收纳。


## ⚑ 调整计划，确保执行，让家人都参与其中

一旦确定了整理计划，一定要设法做到。

就像第67页的列表那样，有各种各样的整理技巧，试着找到适合自己的方法。

## 根据物品总量和所需时间规划日程

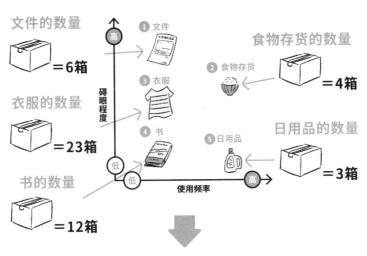

**文件的数量** = 6箱

**衣服的数量** = 23箱

**书的数量** = 12箱

**食物存货的数量** = 4箱

**日用品的数量** = 3箱

一周进行1~2次, 每次整理3~6个箱子, 2个月就能收拾好

### 第1个月

| 周五 | 周六 | 周日 |
|---|---|---|
| | ❶ 文件 **6**箱 | |
| | | ❷食物存货 **4**箱 |
| | ❸ 衣服 **6**箱 | ❸ 衣服 **6**箱 |
| | | ❸ 衣服 **6**箱 |

### 第2个月

| 周五 | 周六 | |
|---|---|---|
| | ❸ 衣服 **5**箱 | 2个月就整理好了! |
| | ❹ 书 **6**箱 | |
| | | ❹ 书 **6**箱 |
| | ❺ 日用品 **3**箱 | **5/31** 截止日期 |

另外，如果家里有孩子，可以考虑在整理时请人照顾孩子。如果孩子已经上小学了，最好能跟孩子一起整理。

当父母给孩子指示时，孩子很快就会不高兴，或者根本不听话，只顾着玩。如果父母要求他们至少收拾一下自己的东西，可**他们不知道该怎么做，整理工作就很难推进。**

如果孩子也参与到整理过程中，就能更加顺利地进行整理。这是因为虽然一个人就能完成整理工作，但如果由决策者和帮手协作进行，就会加快整理工作的进度。帮手将物品交给决策者，询问拥有这件物品的原因和意义；决策者解释原因和意义，再将其还给帮手；帮手根据物品的意义进行分类，将相似的物品集中放在同一个地方。

整理收纳顾问一半的工作任务就是担任帮手。虽然孩子不是专业人员，但只要掌握诀窍，就能成为有力的帮手。

我曾去某户人家上门服务，那家的主人是对30多岁的夫妻，他们有一个读小学三年级的孩子。那次就是孩子作为帮手主导着整理过程。

"你使用这个物品吗？你喜欢它吗？"孩子似乎很喜欢这样询问拥有某件物品的意义，不断拿出物品询问父母。被孩子逼着进行判断，父母很紧张，整理时自然没有偷懒的时间。孩子似乎觉得给父母下达指示很有趣，整理以这种形式进行下去。

这种组合不仅能让父母带着紧张感进行整理，**孩子也会觉得既然已经给父母下达了那么多指示，自己也该整理一下，于是自发地开始整理，最终一举两得。**

另外，如果想让伴侣参与整理，也可以用这个方法。直接吩咐伴侣"你也收拾一下吧"，很容易让对方不高兴，但如果是"可以当一下我的帮手吗"之类的请求，对方给予帮助的可能性更大。整理完自

# 确保进行整理的方法

| 如果打算<br>外出…… | ● 留出3小时集中整理<br>● 空出整理前后的30分钟<br>● 将快递的送货、取货时间定在<br>　整理时间 |
| --- | --- |
| 如果十分<br>忙碌…… | ● 考虑自己的能力<br>● 不要安排过于繁忙的日程 |
| 如果有其他<br>安排…… | ● 要有把握时间的意识<br>● 结合家人的日程来确保整理时间 |
| 如果忍不住<br>偷懒…… | ● 邀请他人来家里做客<br>● 在计划整理的时间段预约上门<br>　保洁服务 |
| 如果没有<br>动力…… | ● 向周围的人宣布"现在就整理"<br>● 将整理后的照片上传到社交网站<br>● 给亲朋好友发送整理前后的对比照片 |

己的物品，你就可以自然地转换立场，担任伴侣的帮手。

## 准备一些小奖励，让整理变得有趣

有些人可能觉得每天最多3小时的整理时间很短。但是，集中精力进行整理其实相当辛苦。

为了能按照日程安排踏踏实实地进行整理、提高整理的积极性、不让自己受挫，准备一些能让人心情愉快的奖励十分重要。

例如，事先做好以下准备，就能心情舒畅地迈出第一步。

- 创建可以在整理时播放的音乐列表。
- 预订一份整理完毕时送达的鳗鱼外卖。
- 买自己喜欢的饮料，在整理的时候喝。
- 点上香薰蜡烛。
- 准备奖励自己的甜点。
- 一边整理，一边使用上门保洁服务（整理结束时，厨房、浴室也会焕然一新）。
- 预约整理完毕时的上门做饭服务（3小时做出10道菜）。
- 整理完毕，找到一定会表扬你的人（家人、朋友等）。

特别是最后一点提到的"一定会表扬你的人"的存在非常重要。整理完毕时，如果有人对你的整理成果感到惊讶、高兴，你就会有下次继续整理的动力。

没必要非得让家人表扬你，和今后也想努力整理东西的朋友建一个聊天群，互相拍照展示各自的进度也不错。好好维持让自己努力的动力吧！

## 回顾：完成整理工作的3个诀窍

① 确定截止日期并
规划日程

例如：到5月31日为止

② 严格执行每次整理不超过3小时这个规则

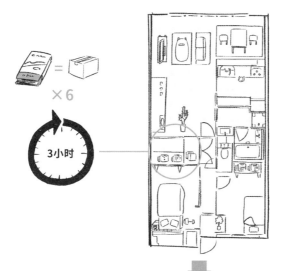

③ 准备一些小奖励，让整理
变得有趣

**给努力整理的自己一份奖励！**

对整理的评估

**5**

# 提前做好准备

好不容易抽出3小时用来整理东西，为了有效地利用这段时间，请简单地做一些准备。

**尽管如此，请不要在做准备工作时购买架子和隔板等新的收纳用品。**很多人觉得，为了整理东西，首先应该购买收纳用品。其实恰恰相反，正确的方法是整理完毕再买收纳用品。也就是说，**不是根据收纳用品来整理物品，而是根据物品来选择收纳用品。**

最方便的收纳用品是家里的空盒子。找找家里有没有装礼物的包装盒、喜欢的品牌的包装盒等舍不得扔掉的盒子。纸巾盒或点心盒也可以。

先将东西暂时放在空盒子里，试验几个星期。如果用起来比较方便，可以量一下盒子的尺寸，再购买无印良品等品牌的收纳盒。

第73页是需要提前准备好的物品清单。

一般来说，推荐使用家里已有的笔和纸袋等物品，不必添置物品。虽然也有值得购买的收纳用品，但要买的话就去百元店，能节省不少钱。

　　认真做好准备，然后开始整理吧。

# 需要准备的物品清单

值得购买的物品（请充分利用百元店商品）

| | |
|---|---|
| □ 垃圾袋（大） | 用于丢弃不需要的物品 |
| □ 标签贴纸 | 整理物品时使用 |
| □ 可封口的塑料袋 | 将物品分成小份进行收纳时使用 |

可以直接在家里找到的物品

| | |
|---|---|
| □ 塑料布 | 将物品全部拿出来分类时使用<br>（可以直接放在地板上） |
| □ 空盒子 | 用于临时放置或收纳物品 |
| □ 纸袋 | 分类时用来临时存放物品 |
| □ 篮子 | 用于临时放置或收纳物品 |
| □ 签字笔<br>（也可以用圆珠笔替代） | 用来写标签 |
| □ 劳动防护手套 | 清理灰尘多的地方时使用 |
| □ 湿纸巾 | 用于擦拭灰尘 |
| □ 口罩 | 防灰尘 |
| □ 收纳用品 | 利用多余的物品 |

这种100厘米规格
的箱子也可以

使用100厘米规格的
箱子非常方便！
· 可以估算收纳空间
· 可以临时存放物品
· 可以用来收纳物品

长

高

宽

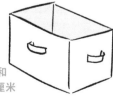

三边之和
为100厘米

专栏

# 德国人将人生一半的时间用来整理

在德国，有一句这样的谚语："人生的一半是整理。"德国每个家庭做家务的效率都很高，房间也很整洁。

在这里向大家介绍几个应该向德国人学习的要点。

## ⚑ 一旦制定严格的规则，整理就会顺利进行

日本给人的印象是极其遵守秩序和规则的国家，德国也是一个严格遵守规则的国家。然而，两国遵守规则的理由不同。

日本人遵守规则是因为社会风气，而德国人遵守规则是为了自己。因此，两国人民在整理、打扫等家务方面存在差异。

德国人在家里也会制定严格的规则，全家人都要遵守，例如：几天擦1次窗户、1次花几个小时，天气晴朗的时候要一起完成哪些工作，等等。而日本人虽然遵守法律和公司的规章制度，但家庭内部的规则很不明晰，通常只有妈妈知道如何做家务。

德国家庭很少有专属于某人的家务，每天都能稳定地保持房间整洁。也没有像日本的年末大扫除那样一口气收拾干净的文化，而是推崇"每天10分钟，全家一起整理"这种风格。

在家里制定规则的好处之一是可以停止思考。很多人都想拥有自由的私生活，然而，规则化并养成习惯可以减轻思考的负担，让人有余力思考新鲜事物。

日本人之所以不擅长分担家务，原因之一可能是无数非规则化家务的存在。

## ▶ 让收纳空间保持时常被打开的状态

在《成年人的轻松家务》(《大人のラク家事》)一书中，有"德国人收纳平时要用的物品，而日本人收纳平时不用的物品"这种说法。

的确，日语中的"收纳"一词除了表示整理，还表示"藏起不想让别人知道的物品"。很多人认为整理就是将东西藏起来，不让别人看见。例如，有客人来访时，日本人会请客人进入客厅，但不会让客人看到卧室和收纳空间。德国人则允许客人参观所有的收纳空间、厨房、浴室等地方。这种行为背后的文化意义是，开放家中的所有空间，表明对客人毫无隐瞒、诚心接纳。

正因为全家每天都要用放在收纳空间里的物品，并且经常向别人展示，所以才会有这样的意识：不分割收纳空间与居住空间，保持收纳空间的整洁。

存在文化差异是很正常的现象。这里并不是指德国人在收纳方面很厉害，日本人不擅长收纳，而是想告诉大家德国人有以下非常值得学习的2个收纳特点：

① 制定家里的整理规则，全家都要遵守。
② 向别人展示家里的收纳空间。

这2个特点对于轻松地维持整理好的状态非常有效。

邀请亲近的朋友来家里时，试着养成向他们敞开所有房间的习惯。时常抱着维持整理好的状态的想法，能够成为整理的动力。

步骤

# 2

整理——不断地定义、分类

物品的分类和整理

**1**

# 从将物品全部拿出来开始

其实，整理是一项定义自己拥有的每件物品的意义的工作。只要为每件物品赋予意义，整理就完成了。重要的是用自己的手触摸每件物品，不断地分类。根本没必要扔东西。

**整理的基础是将物品全部拿出来。**不要在物品被摆在书架上或放在衣柜里时去思考拥有它的意义或判断应该将它放在什么地方。

整理工作从将目标物品装进箱子里开始。这里说的箱子是指100厘米规格的箱子。然后从箱子里依次取出物品，思考拥有每件物品的意义，再将物品依次排列在地板上。整理完成时，所有的目标物品应该已经被摆在地板上了。

下面以衣服为例，具体说明应该如何整理。

首先将衣柜里的衣服从衣架上取下来，塞进箱子里。这一步不必叠衣服。

已经整齐地叠放在衣柜里的衣服也要重新整理一次。

经常有人会这样想：下个季节的衣服已经整理好了，最好别去动它们。也有人会想：已经收纳得很整齐了，不想再拿出来。但不管物品处在什么样的状态，一定要先装进箱子里，再依次拿出来。


## ▌ 逐一思考拥有每件物品的意义，并在其背面贴上标签

在将物品全部拿出来的过程中，在每件物品的背面贴上标签，写上拥有那件物品的意义。

我将这种标签称为"背面标签"。第82页列出了详细的"背面标签"表。请一边判断手中的物品属于哪一类，一边进行分类。

为了方便摆放从箱子里拿出来的物品，可以事先铺上塑料布。衣服可以直接放在床上。


## ▌ 按照是否使用和是否喜爱进行分类

制作背面标签的第1个判断标准是"是否使用"。将要用的东西放在左边，不用的东西放在右边，进行区分。

在这个阶段不必深入思考，只要客观、严格地进行判断即可。

回顾自己在过去的1年中使用这些物品的频率，再设想一下在此之后的1年中的使用频率。

## 定义物品的意义，
## 在其背面贴上标签，进行收纳

将当天计划整理的所有物品放入100厘米规格的箱子里。

三边之和为100厘米

思考每件物品的意义，在它们的背面贴上标签。

将贴好标签的物品全部拿出来，排列整齐。

### 收纳
根据使用频率和规则，将物品收纳至恰当的地方。

### 待定箱
如果犹豫10秒以上还不知道拥有该物品的意义，就将它放进待定箱中。

对于不是特别喜欢却经常使用的东西，如果抱着将来想和使用这种东西的自己决裂的强烈念头，可以归类到"不使用"分组。

第2个判断标准是"是否喜欢"。对于在第1步被判断为"不用"的物品，用"是否喜欢"这一标准再次划分。

应该留下不使用却仍然喜欢的物品，主动放弃不使用也不喜欢的物品。

如果思考10秒钟以上还是无法确定自己是否喜欢某件物品，可以暂时放到待定箱（可以是箱子、篮子或纸袋）里。在整理工作的最后，重新评估待定箱中的物品，看看能否分配相应的背面标签。

整理1箱物品花费的时间以15分钟为准。按每箱装有30~60件物品算，那么分到每件物品上的时间只有15~30秒。

担心自己无法遵守时间的人，可以在手机上安装计时软件，设置成每30秒提示1次的状态。这样可以保持紧迫感，同时继续进行整理。

如果一同进行整理的不止2个人，可以让1个人作为决策者，再选1个人作为帮手，以合作的形式进行判断，从而加快整理速度（见第66页）。

帮手向决策者提问："你要用这个吗？如果不用，那你还喜欢它吗？"然后决策者有节奏地回答。如果决策者对某件物品的回答犹豫了10秒以上，就将它放在待定箱里，暂时搁置。

# 为每一件物品贴上背面标签

## 要用的物品

### 每月1次以上

每天

每周1次

每月1次

### 每月不到1次

每年数次

非当季物品

寄存物品

## 不用的物品

### 喜欢的物品

纪念品

收藏品

### 不喜欢的物品

| 累赘 | 价格昂贵 |
|------|----------|
| 物欲 | 很难清理 |

物品的分类和整理

# 2

# 根据使用频率
# 对要用的物品进行分类

对于要用的物品，要进一步细分，再贴上背面标签。

**分类的依据是使用频率。**回忆上次使用的时间，预测下次使用的时间，从这些角度判断物品的使用频率。

下面以女士包为例，进行分类。

例如，如第85页所示，假设家里一共有8个包。另外，假设进行整理的时间是10月。

① 每天上班用的托特包。

② 周末外出时用的小号背包。

③ 每月只在特殊日子使用1次的名牌包。

④ 每年在露营时使用几次的户外背包。

⑤ 在葬礼、婚礼等仪式上使用的手包。

⑥ 夏天想用的编织包。

⑦ 小时候用的小型挎包。

⑧ 父母留下的名牌包。


首先，将所有包都放进箱子里，然后依次拿出来，贴上背面标签，进行分类。

在这些包中，过去1年里使用过的是前6个包，第7个包和第8个包1次都没用到。

然后根据使用频率，进一步对前6个包进行分类。

如果今后都不打算使用第7个包和第8个包，就将它们归入"不使用"类别，之后再确认是否还喜欢它们。

将留在箱子里的包像第85页那样，在背面贴上标签、分好类，这一阶段的整理就完成了。

之后，将分类好的物品立即收纳起来。

在进行收纳时，要从使用频率高的物品开始，依次确定固定位置。因此，要严格地确认物品的使用频率，再贴上背面标签。


## ▌ 对使用频率低的物品按照用途进行分类

根据使用频率低的物品的用途，在这个阶段预先进行分类。

例如，像前面提到的户外背包那样仅用于特定活动的物品可以和搭配使用的物品放在一起，便于今后开展收纳工作。

# 根据是否使用和是否喜欢，
# 在包的背面贴上标签

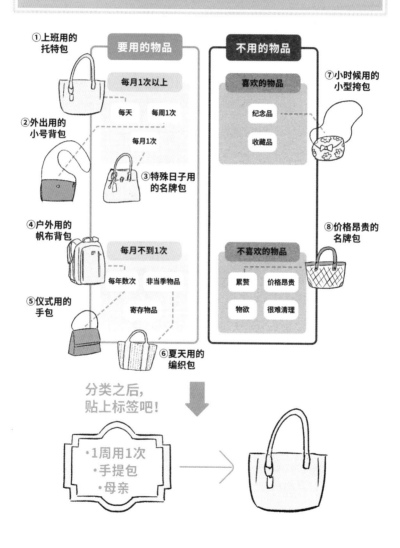

①上班用的托特包

**要用的物品**

**每月1次以上**

每天　　每周1次

每月1次

②外出用的小号背包

③特殊日子用的名牌包

④户外用的帆布背包

**每月不到1次**

每年数次　　非当季物品

寄存物品

⑤仪式用的手包

⑥夏天用的编织包

**不用的物品**

**喜欢的物品**

纪念品

收藏品

⑦小时候用的小型挎包

⑧价格昂贵的名牌包

**不喜欢的物品**

累赘　　价格昂贵

物欲　　很难清理

分类之后，贴上标签吧！

・1周用1次
・手提包
・母亲

如果某件物品主要用于露营，将它和露营用品及衣物、野餐垫等相关物品放在一起，去露营时就可以马上拿出来用。

用于招待客人的物品也可以放在一起。例如，我母亲经常来我家住，所以我将母亲的家居服和经常用的小物件放在一起。

另外，对于非当季物品，要按季节进行细分。如果在10月进行整理，盛夏时节和隆冬时节用的物品都属于非当季物品。但是，由于使用的季节不同，如果装在同一个箱子里，真正使用的时候很不方便，所以要将同一个季节使用的物品放在一起。

## ▌ 无论使用与否，都要在物品的背面标签上写明"定义"

对物品进行分类，就会逐步细化背面标签上的定义。如果好不容易分类完毕，却记不住，之后也不清楚，分类就毫无意义。

事先准备好的标签贴纸和篮子能够在这一步帮助我们。

标签贴纸的写法有诀窍。如第85页下方的图片所示，依次在要用的物品背面的标签上填写使用频率、物品名称、持有人姓名等信息。例如每周1次、手提包、母亲、盛夏、衣服、姐姐，每年2次、露营用品等写法（独居人士可以不写持有人姓名）。

对于不用的物品，不要填写使用频率，应该填写拥有它们的原因。例如回忆、笔记，收藏、动漫周边等。

可以用自己的语言将物品的意义写在标签贴纸上，再将标签贴在物品旁边的塑料布或地板上，以免忘记。这样一来，可以一眼看出某件物品属于哪个类别，之后进行收纳时就不会困惑。

完成1箱物品的分类时，可以直接开始收纳。关于收纳的规则，会从第112页开始说明。

物品的分类和整理

# 3

## 给难以判断使用频率的物品
## 贴背面标签的方法

接下来要介绍给难以判断使用频率的物品贴背面标签的方法。

### ▌ 对书按照是否读过进行整理

就书来说，由于"使用"这一行为的意义多种多样，属于很难分类的物品之一。对研究员、编辑等工作中需要读书的人来说，家里有几千本书也不稀奇。

很多人认为书是自己身份的象征，所以想放在随时能拿到的地方，也有人干脆放弃整理书。

我的建议是，不要放弃整理书。即使最终不会扔掉任何一本书，也可以依次拿出来，根据喜爱程度的不同，确定合适的存放地点。

就整理书而言，与其说是根据使用频率进行分类，不如说应该先以是否读过为标准进行分类，再根据用途进行细分。

下一页是1个分组的例子，从中可以看出适合不同的人的分类方法不同。请像例子中那样，思考自己拥有的每本书的意义，对自己拥有的书进行详细分类吧。

这一步暂时不用设置数量限制，只需要考虑每本书的意义。分类结束，再根据是否使用进一步划分。

在定义一本书是否"有用"时，以"今年有没有可能阅读这本书"为标准。例如，书籍G是很有价值的文献，想好好保存起来，当然不能扔掉，但今年不太可能会读。而书籍H是想借给别人的书，也许可以通过捐赠给图书馆达到目的。

对于划分为会使用的书（今年内可能会阅读的书），可以根据阅读频率进行细分。

在收纳阶段，像书籍E这种每周都会阅读的参考书要放在书桌等容易拿取的地方，而书籍C这种暂时不会阅读的书不必放在手边。

# 根据是否读过及用途进行细分，决定存放地点

## （1）还没读的书

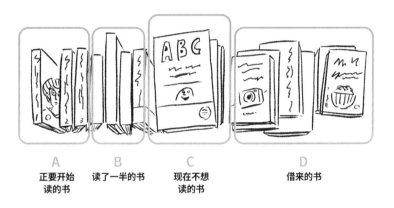

A
正要开始
读的书

B
读了一半的书

C
现在不想
读的书

D
借来的书

## （2）读过的书

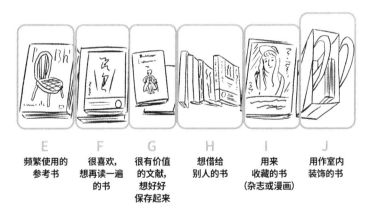

E
频繁使用的
参考书

F
很喜欢，
想再读一遍
的书

G
很有价值
的文献，
想好好
保存起来

H
想借给
别人的书

I
用来
收藏的书
（杂志或漫画）

J
用作室内
装饰的书

## 文件只在必要时进行整理

文件和书籍都是纸类物品，但分类方法不同。

像第92页那样根据**需要用到文件的时间**来分类，会更容易理解。

其中，第1类和第2类相当于要用的物品，第3类相当于非当季物品，第4类则相当于不使用但仍喜欢的物品。各自的保管方法不同。

像公共服务费的收据、孩子的入学手续文件等会用到的物品，不论内容如何，要整理好并放在容易看到的地方。不需要留存实物的信件等物品可以在扫描或拍照存档后扔掉。如果觉得某件物品承载着回忆，可以在扫描和拍照后归入第4类物品。

对于家电、手机、屋内设备等物品的说明书，如果在网上能查到同样的内容，就可以扔掉，不过要注意保留保修卡等不能替代的页面。

建议将传单附赠的优惠券剪下来放入钱包或背包里，尽快使用（我比较怕麻烦，所以会将接下来3天内可能用不到的优惠券送给同事）。

另外，应该尽量减少住房贷款文件和养老金证明等虽然不会立即用到但必须好好保管的物品的数量，并将它们装进贴着不同标签的透明文件夹里，放在不会忘记的地方。

贺年卡、信件、日记、相册、孩子的画作等想保管的物品属于第4类物品——承载回忆的物品，要整理到一起，放入贴着不同标签的透明文件夹或箱子里。

收纳文件的一大特征是各类文件的保存方法不同。要用合适的方法好好保管。不要忘记在透明文件夹上贴标签。

## 根据紧急程度、是否需要保存、喜爱程度进行分类

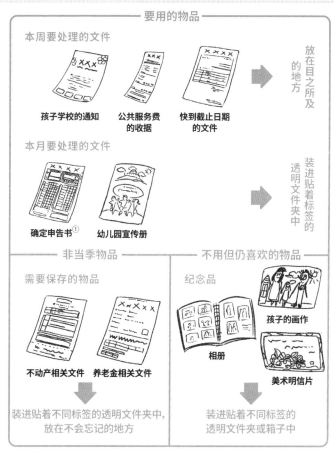

要用的物品

本周要处理的文件

孩子学校的通知　　公共服务费的收据　　快到截止日期的文件

放在目之所及的地方

本月要处理的文件

确定申告书①　　幼儿园宣传册

装进贴着标签的透明文件夹中

非当季物品

需要保存的物品

不动产相关文件　　养老金相关文件

装进贴着不同标签的透明文件夹中，放在不会忘记的地方

不用但仍喜欢的物品

纪念品

孩子的画作

相册

美术明信片

装进贴着不同标签的透明文件夹或箱子中

＊有些文件中的内容在网上也能找到，可以直接扔掉（例如保留家电说明书的保修卡，扔掉其他页面）。

① 日本的确定申告是指申报过去一年中应缴纳的所得税和复兴特别所得税（东日本大地震后新增的临时税收项目）的金额，与已缴纳的税金进行多退少补的清算手续。确定申告书即确定申告时提交的单据。——编者注

物品的分类和整理

**4**

# 根据喜爱程度对不用的
# 物品进行分类

对要用的物品分类完毕，就该对不用的物品进行分类。

**对不用的物品进行分类的标准，直截了当地说就是喜爱程度。仍**然喜欢的物品不能扔掉，但可以清理掉不再喜欢的物品，让它们去往更能发挥作用的地方。

对不怎么热爱物品的人来说，立即处理不用的物品很容易，所以可以很快地扔掉这些物品。

但是，对喜欢拥有物品的人来说，如何处理不用的物品是个非常微妙的问题。

除了能明确判定为垃圾的部分物品（如破袜子、不出墨水的钢笔），整理其他不用的物品时，可能会因为各种理由感到难过。

因此，对于不用的东西，要根据是否喜欢进一步区分。要将物品依次拿起，思考自己如何看待它们以及拥有它们的原因。

## 🚩 如何对喜欢的物品和不喜欢的物品进行分类

给喜欢的物品和不喜欢的物品分类时，可以像从第97页开始的内容那样，根据具体情况，对要用的物品进一步细分，形成更多类别。

接着，利用标签贴纸、纸袋、篮子，不要忘记在物品背面的标签上填写定义，然后将同类物品汇集起来。

进行分类的一个主要原则是，**对物品的感情只有本人才清楚**。

如果你对昂贵的名牌包不感兴趣，却很喜欢便宜的钥匙扣，也不必感到矛盾。对物品的喜爱不需要理由，也无法由他人决定。你喜欢的物品会让你的生活变得丰富多彩。而将不喜欢的物品放在房间里，会让生活变得消极，所以最好尽快清理这些物品。

## 🚩 如何处理不确定是否喜欢的物品

我认为，在进行分类时，处理每件物品的时间最多为30秒。

但是，如果无法立即做出判断，可以将那件物品暂时放入待定箱中，并且附上无法判断的理由（见第80页）。

话虽如此，如果轻易将物品放入待定箱中，整理工作就无法推进。

实际上，**不清楚自己对某些物品是真的喜欢还是有特殊情结，这种情况出乎意料地多**。没能坚持使用的健身器械、已失败的资格考试

# 根据喜爱程度对不使用的物品进行分类

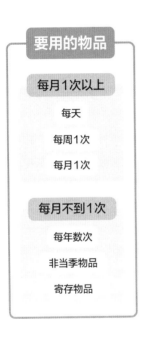

**要用的物品**

**每月1次以上**

每天

每周1次

每月1次

**每月不到1次**

每年数次

非当季物品

寄存物品

**不用的物品**

**喜欢的物品**

纪念品

收藏品

**不喜欢的物品**

累赘　价格昂贵

物欲　很难清理

的教材、曾经瘦的时候穿过的衣服等，如果现在扔掉，感觉会和想成为（却没能成为）的自己断绝关系，让人十分难过。

我很喜欢戴维·艾伦[1]说过的一句话："不明确的未解决事项会在不知不觉中掌控大部分大脑。"也就是说，只要看到认为必须要做的事，潜意识中就会产生愧疚感，精力就会被消耗。

拥有喜欢的物品，无论是否将它们放在房间里，都会带来幸福感。**而不喜欢的物品只要进入视野中，就会消耗我们的精力。**

如果觉得丢掉某些物品很浪费，令人难过，不妨将它们送给需要的人。

例如，学校里的前辈将不再需要的全套托福教材赠予我，感觉就像继承了前辈的意志，我非常开心地使用了这套教材。不久，我不再需要这套教材，所以决定转赠给需要的后辈。

那些让自己感到自卑或碍眼的东西在需要它们的人手上可能会完美地发挥作用。

**在看待家中的物品时，不仅要考虑自己是否喜欢这个物品，还要考虑这件物品是否让自己感觉幸福。**

---

① 美国知名时间管理大师，提出GTD（Getting Things Done，即"将事情处理完"）自我管理方法。——编者注

物品的分类和整理

# 5

# 对于喜欢的物品，
# 要进一步细分

我曾听到某位热衷收藏桌游的人士发出的抱怨："如果将物品分为会使用、喜欢、不喜欢3类，几乎所有的物品都属于喜欢这一类，数量实在太多，根本没办法收拾！"

**整理东西时，最重要的是先确定"不必扔掉任何东西"这种想法。**然后创造机会，慢慢地面对所有物品。

如果将重要物品放进箱子里关起来，它们也一定会很痛苦。作为物品的主人，要定期将它们依次拿起，思考怎样才能让它们看上去更有魅力，怎样才能更好地维护它们，这才是对物品的爱，也是对物品的尊重。

因此，我们要对喜欢的物品进一步细分。如第100页的图片所示，以"喜爱程度"为纵轴，"拿到手上的频率"为横轴，对物品进行映射。

虽说都是很重要的物品，但不同物品的重要性不同。例如，即使都是写真集，但我们对每一本写真集的感情都是不同的。我们对某本写真集的想法可能是"虽然感情已经淡了，但作为文献十分珍贵，所以要好好保存起来"。要将物品依次拿在手里，判断喜爱程度。

根据喜爱程度的高低，可以分成以下4类：

- 神圣领域。
- 挚友。
- 预防性存货。
- 日用品。

位于映射表左上角的"喜欢但很少触碰的物品"属于"神圣领域"。因为不想让这类物品受损，也不希望它们被人触碰，所以应该将它们放在家里最安全的地方，例如壁橱中通风良好的地方或客厅的架子上。

位于映射表右上角的"喜欢且经常触碰的物品"属于"挚友"。要放在床边、书架上、杂志架上等容易拿到的地方，给人一种随时都能拿到的感觉。

位于映射表左下角的"不喜欢也不怎么使用"的"预防性存货"，可以考虑放弃，例如转让给有相同兴趣的朋友等。

如果对自己拥有的物品都有同样强烈的爱，被归类到"神圣领域"和"挚友"的物品太多，并且因此感到困扰，就再细分一次。

即使都是自己喜欢的物品，有些可能喜欢到就像自己身体的一部分，有些却只是没那么喜欢的业内极其稀有的贵重物品。两者的意义大不相同。

在接下来的收纳过程中，这种意义上的区别会起到作用。所以，要进行细分，并且写在标签上。

# 视喜爱程度进行细分

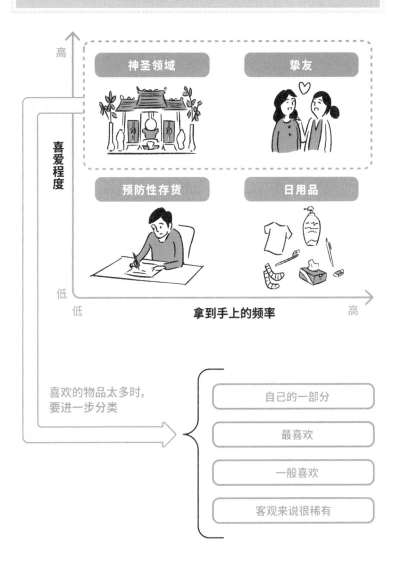

高

喜爱程度

神圣领域

挚友

预防性存货

日用品

低

低　　拿到手上的频率　　高

喜欢的物品太多时，
要进一步分类

自己的一部分

最喜欢

一般喜欢

客观来说很稀有

物品的分类和整理

# 6

## "重复购买"和"收藏"看上去相似，
## 实际上并不相同

　　在整理物品这一步的最后，介绍一下容易重复购买的物品。

　　**每个人都会收集一些特定物品**，例如存货或因为兴趣自然地聚集在手边的物品。

　　"重复购买"和"收藏"看上去相似，实际上并不相同。

　　"重复购买"是指以使用为目的，购买很多相同种类的物品。相比之下，"收藏"是指喜欢收集物品这件事本身。例如，你拥有100张偶像的贴纸，这并不是重复，而是收藏。

　　有些人收集化妆品、酒、丝带等本身属于消耗品的物件，所以有时很难区分这种行为究竟是重复购买还是收藏。如果能光明正大地说收集这些物品是自己的兴趣，那么这种行为就属于收藏。

　　就优先顺序而言，并不是什么都要收集，值得特别重视的是你所爱的物品中的前三名。


## 📍 将存货列表化

那些因为担心突发事件而囤积过多日用品和食品的人要注意持有重复物品的问题。

即使家里有够用2周以上的存货，如果没有好好整理，在停电等紧急情况下可能会阻碍道路，成为安全隐患。

我曾为某个三口之家提供上门整理服务。那家人囤了10瓶洗发水，他们说多囤一点儿能防灾。但是，他们家消耗洗发水的速度是1个月1瓶。我根本无法想象有什么灾害能让人整整10个月都不能去买洗发水。仔细一问，原来是因为折扣店的价格很划算，所以不小心买多了。

从防灾的角度来看，家中生活用品的存货量只要足够支撑家人生活2周即可。下一页的表格中是物品存货量的适当标准。请根据家庭成员的人数来确认需要多少存货。

即使家中的存货已经超出了需要的量，我们也很难突然扔掉未用过的物品。**首先要清楚自己有多少存货，然后拍照、列出清单，进行管理。**


看到就很想买的特价商品和折扣店是导致重复购买物品的"罪魁祸首"。网购也是如此，购物满一定金额就能免运费，为了达到那个金额，不知不觉就购买了超过所需数量的存货。

# 家庭存货清单

| 种类 | 1人份 | 全家(4人份) |
|---|---|---|
| ☐ 洗发水、护发素、沐浴露 | 各1瓶 | 各1瓶 |
| ☐ 洗衣液、柔顺剂（替换装） | 各1袋 | 各1袋 |
| ☐ 牙刷 | 1支 | 4支 |
| ☐ 牙膏 | 1支 | 1支 |
| ☐ 隐形眼镜清洗液 | 1瓶 | 1瓶 |
| ☐ 化妆棉 | 1盒 | 1盒 |
| ☐ 常备药品 | 各1盒 | 各1盒 |
| ☐ 卫生纸 | 12卷 | 24卷 |
| ☐ 纸巾 | 2盒 | 8盒 |
| ☐ 洗洁精（替换装）、洗碗海绵 | 各1件 | 各1件 |
| ☐ 水（瓶装，2升） | 5～10瓶 | 20～40瓶 |
| ☐ 方便面、速食米饭、咖喱 | 9顿饭的量 | 36顿饭的量 |
| ☐ 干电池 | 10节 | 20节 |
| ☐ 卡式炉气罐 | 4罐 | 12罐 |

如果你对"划算"这个词没有抵抗力，那就和房租及人工费进行比较。想想购买10瓶廉价洗发水花费的时间和搬运所需的劳力，以及收纳10瓶洗发水的空间一个月要花多少房租。

正因为家中空间有限，所以更应该仔细考虑到底要在家中放置哪些物品。


## ▶ 要设法用完不知不觉中聚集起来的重复物品

重复购买功能相同的物品也是常见的问题。例如，我在自己整理的过程中也发现了许多重复物品。

- 黑色钢笔：30支。
- 黑色毛衣：10件。
- 眼影：15盒。
- 化妆品样品：60件。

购买物品或许是因为兴趣，或许是因为有某种特殊情结。如果与消耗量相比，购买的物品数量过多，就会造成物品重复。读到这里，你是否想起了某样你会不由自主地购买的东西？

例如，每次去药妆店①，我都会去眼影区看看新产品。这不仅是因

---

① 销售药品、化妆品、日用品和洗护用品等的店铺。——编者注

为我喜欢化妆，还因为我有"想让眼睛看起来更大"这种特殊情结。

这些不知不觉中聚集起来的物品很可能跟自己的兴趣爱好和心理情结有关，所以很难处理掉。

虽然"不想扔掉心爱之物"这种心情可以理解，但是，**以轻松的心态购买好几个同样的物品并摆放在一起，会淡化自己的喜爱之情**。而且，无论购买多少个同样的物品，也无法从根本上消除那种情结。

因此，在发现重复的物品时，要下定决心在现有的存货用完之前不买新的。

下面介绍一下实施这个办法的要点。

## ▶ 将重复物品安排得能够用完

**用完重复物品的诀窍是，将它们摆放在方便使用的地方。**

不要将它们集中放在一起，而是**分别放在便于使用的地方**。如果仍然觉得无法用完，就转让给其他人。

这里以我的眼影为例进行说明。以前，我将所有眼影都放在梳妆台上，一共15盒。因为觉得其中的名牌眼影很重要，所以我将它们放在最里侧，外侧放着比较便宜的眼影，便于日常使用。然而，正因为我每个月只会用1次名牌眼影，它们几乎没有被消耗。当我注意到的时候，有些名牌眼影已经在里侧放了好几年都没怎么用过。另外，每天使用便宜的眼影，潜意识中会很不满足，反而会不断购买新眼影。

为了尽快用完这些眼影，我将名牌眼影放在靠近自己的这一侧，在上班、回老家、去健身房用的包里各放一盒便宜的眼影。我还决定在用完所有眼影之前不买新眼影。结果，从最喜欢的眼影开始，我依次迅速地用完了库存眼影，解决了物品重复的问题。

## 便于使用的"摆放位置"和不得不用的"机制"

想在保质期内用完的名牌化妆品是……

放在梳妆台上靠近自己的这一侧，成功提高了使用频率

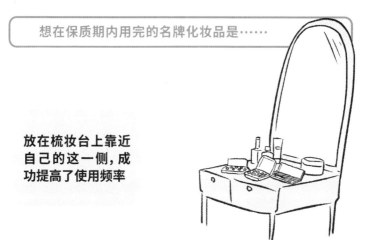

想快点儿用完的便宜化妆品是……

上班用的包　　回老家用的包　　健身用的包

**放在各个外出用的包里，就能全部用完**

COLUMN
专栏

# 你会在换季时整理衣物吗?

你会根据季节变化更换衣柜中的衣物吗?一年会整理几次换季衣物呢?

可以根据房间的收纳容量和衣服的数量来判断是否需要更换衣柜中的衣物。

首先,试着做以下2件事:

① 检查落地式衣架和衣柜的容量。
② 数数自己有多少件衣服。

如果①大于②,就不必整理换季衣物。为什么呢?

## ⚑ 如何检查落地式衣架和衣柜的容量?

如果设置好度量单位,可以很容易地算出收纳容量。无论是落地式衣架还是衣柜，都可以按一件衣服占3厘米的宽度来计算。当然，T恤衫比较薄，外套比较厚，所以要按平均3厘米来计算。

下面以1对夫妻为例，进行思考。

假设他们家里的落地式衣架宽90厘米，共3层的衣柜宽50厘米。

- 落地式衣架的容量：90厘米÷3厘米＝30件。
- 每层衣柜的容量：50厘米÷3厘米≈16件（即3层衣柜的容量为48件）。

也就是说，这对夫妻拥有可以收纳78件衣服的空间。


## ▶ 你有多少件衣服？

根据Mercari①2019年9月的报道，男性平均每人拥有48件衣服，女性平均每人拥有105件衣服。

假设按照平均水平，1对夫妻共有150件衣服，那么他们拥有的数量大约是收纳空间的上限值——78件——的2倍。因此，这对夫妻有必要将衣服减少到78件，或者每年在夏季和冬季替换相应的衣服。

如果拥有的衣服数量超出收纳容量的2倍以上，就要在四季更迭时各替换1次衣服。

----

① 日本的一家网络公司，以运营同名的网络二手交易平台"Mercari"为主要业务。——编者注

Mercari的报道中还有一个很有趣的发现——随着年龄的增长，女性群体出现了不再会在换季时整理、更换衣服的趋势。

　　在20~30岁的女性群体中，回答"今年不打算整理换季衣物"的比例为16.5%，相比之下，60岁女性的比例达到25.2%，比例随着年龄的增长逐渐上升。

　　实际上，我也经常听到周围的人抱怨整理换季衣物很麻烦。应该有不少人觉得如果能放弃，干脆直接放弃。

　　建议大家首先充分了解家中的收纳容量和衣服数量，再选择是否整理换季衣物。

步骤

# 3

收纳——确定固定位置

收纳和处理的方法

**1**

# 从充分了解房间的收纳容量开始

到步骤2为止，已经对物品分类完毕，并且贴上了背面标签。

能掌控整理阶段的人，就能掌握不扔东西的整理术。在整理阶段，如果物品的意义含混不清，或者存在妥协，无论收纳得多好，几天后房间又会变乱。不要忽略整理过程中遇到的不能接受的地方，再花些时间好好处理一下。

整理完毕，就要进行**收纳——确定物品的固定位置**。

在确定具体的固定位置、进行收纳之前，首先要做的是**了解家中的收纳空间究竟有多大的容量**。

例如，如果想努力将2个纸箱大小的东西塞进1个纸箱大小的空间中，显然无法做到。即使再怎么努力地塞进去1箱半大小的东西，之后想取出或放入东西都会很麻烦。

屋内空间可以分为居住空间和收纳空间 2 个区域。

**收纳空间是指壁橱、衣柜、小型橱柜、鞋柜等家中配置的以收纳为目的的空间。** 收纳空间占总面积的比例被称为"收纳率"。一般来说，公寓的收纳率为 5%~7%，独栋住宅的收纳率约为 13%（法律上并没有与"收纳率"有关的规定，它是日本各地产商使用的标准）。

大多数住在公寓里的人仅利用房屋自带的收纳空间是不够的。很多人会额外购买书架等收纳家具，增加收纳容量。

我在帮客户整理房间时，经常听到有人抱怨房子太小、房子能再大一些就好了。收纳空间不够真的是因为我们的房子很小吗？

在日本国土交通省①公布的《居住生活基本规划（全国规划）（2016 年 3 月 18 日内阁会议决定）》中，规定了至少要达到的最低居住面积标准和能让每位住户都感觉舒适的建议居住面积标准。**两种标准的收纳面积都被设定为总面积的 10% 左右。**

如果手边有自己家的户型图，可以拿出来看看。如果没有，可以画张简单的示意图进行比较。你家里的收纳空间大概有多少平方米？和第 114 页的表格比较，看看自己现在的居住空间是否有充足的休闲空间。

**其实，我们感觉房子很小的原因就是可以用来放松（睡觉、吃饭、聚会）的休闲空间太小了。**

如果家中休闲空间的面积低于表格中的最低水平，或者勉强达到最低水平，就一定要注意不要将物品放在地板上或添置收纳家具。这些行为都会压缩休闲空间，干扰最低限度的健康和文化生活。

---

① 日本主管国土资源的综合利用、开发和保护，以及社会资本的整顿和交通政策的推进等事务的中央行政机构。——编者注

# 三口之家需要多大的住房面积？

## 最低居住面积标准

| 居住人数 | 功能空间（平方米） | | | | | | | | 合计 | 居住面积（平方米） |
|---|---|---|---|---|---|---|---|---|---|---|
| | 睡觉、学习等 | 吃饭、聚会 | 烹饪 | 厕所 | 洗澡 | 洗衣服 | 出入口等 | 收纳 | | |
| 3人 | 15.0 | 3.1 | 3.2 | 1.8 | 2.3 | 0.9 | 1.5 | 3.6 | 31.4 | 40 |

## 建议居住面积标准（城市）示例

| 居住人数 | 功能空间（平方米） | | | | | | | | 合计 | 居住面积（平方米） |
|---|---|---|---|---|---|---|---|---|---|---|
| | 睡觉、学习等 | 吃饭、聚会 | 烹饪 | 厕所 | 洗澡 | 洗衣服 | 出入口等 | 收纳 | | |
| 3人 | 24.3 | 12.2 | 3.8 | 2.0 | 2.5 | 1.1 | 3.5 | 5.1 | 54.5 | 75 |

＊参照《居住生活基本规划（全国规划）（2016 年 3 月 18 日内阁会议决定）》。

**如果天花板高2米，
休闲空间所需的地板面积至少为5叠，
理想状态下需要10叠**

# 用100厘米规格的箱子估算收纳空间的容量

要有意识地充分利用家里的收纳空间。因此，要估算收纳空间的容量。可以利用100厘米规格的箱子，将箱子摆入收纳空间中，计算箱子的数量。

以下一页的衣柜为例。顶柜的收纳容量为4箱，底柜为4箱。挂在衣架上的衣服占用的空间大约是叠起来的2倍，所以只能按4箱算。如果是比较深的柜子，收纳容量可以按2倍计。

家中的橱柜、书架、洗手间的架子、厨房里的收纳空间等，也可以用箱子来估算。

没必要严格地用尺子测量，用100厘米规格的箱子来衡量，掌握大致的标准即可。

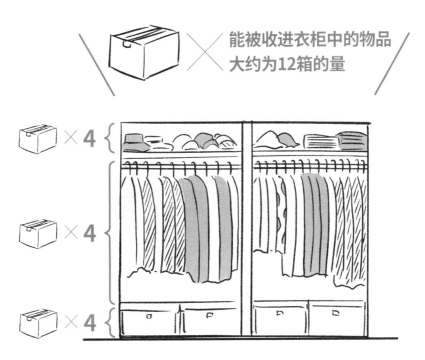

能被收进衣柜中的物品
大约为12箱的量

×4{

×4{

×4{

# 根据背面标签确定物品的
# 固定位置，进行收纳

在估算出家中的收纳容量后，就可以根据已经整理好的物品的背面标签，从优先级高的物品开始确定物品的固定位置。这里所说的优先级是指本月使用该物品的可能性，也就是物品的使用频率。**不必考虑对物品的感情，只需要考虑是否会使用这件物品。**

例如，毕业相册和价值300日元的袜子相比，更重要的显然是毕业相册。但如果要从中选1件放在容易拿取的地方，就应优先考虑袜子。无论毕业相册被放在多难拿取的地方，只要妥善保存就可以。如果从使用频率低的物品开始确定固定位置，每天都要用的重要物品可能会没地方放，只能一直被放在外面。

## 从使用频率高的物品开始确定固定位置

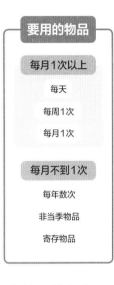

要用的物品

**每月1次以上**
每天
每周1次
每月1次

**每月不到1次**
每年数次
非当季物品
寄存物品

不用的物品

喜欢的物品
纪念品
收藏品

不喜欢的物品
累赘　价格昂贵
物欲　很难清理

确定固定位置的顺序

第 **1** 位　**每天或每周使用1次以上的物品**

第 **2** 位　**每月使用1次以上的物品**

第 **3** 位　**每年会突然使用几次的物品**

　　　　　**寄存物品及非当季物品**

第 **4** 位　**纪念品及收藏品**

收纳和处理的方法

**3**

# 要将每月使用1次以上的物品
# 固定放在手边区域

　　要先确定使用频率较高的每天使用的物品、每周使用1次以上的物品和每月使用1次左右的物品的固定位置，然后进行收纳。因此，手边区域很重要。手边区域是指伸手就能轻易碰到的活动区域。向身体两侧伸直手臂，能够碰到的地方就是最方便放置物品的"黄金区域"。从"黄金区域"开始，手臂向上、向下各移动30度，能够碰到的区域叫作"手边区域"。

　　从使用频率高的物品开始，依次在手边区域内确定每件物品的固定位置。

　　首先，确认一下家中的手边区域。下面以单门衣柜为例，进行说明。

● 中间层比顶层、底层更方便。

● 跟前比深处更方便。

● 边缘比中部更方便。

双门衣柜的中部比两边更方便拿取物品，所以中部是手边区域。

和衣柜一样，厨房架子的中间层、组合抽屉柜的顶层、壁橱左右部分的中间层、玄关鞋柜最容易拿取物品的那层等，都是手边区域。

本书开头的攻略图虽然介绍过整理术由整理、收纳、整顿这3个步骤组成，但重复得最多的其实是整顿这个步骤。

每天使用的物品用完必须放回固定位置。因此，使用频率越高的物品越应放在最方便放回的地方。取出、放入物品越容易，整顿起来就越轻松。

明明是每天都要用的物品，却被固定地放在非手边区域，不知不觉中就会将它们暂时放在架子上或椅子上等非固定位置。这种反复临时放置物品的行为是让居住空间变得凌乱的主要原因。

将东西拿出来，却一直不放回去，并不是因为懒散，只是因为固定位置不合理。

不管是大人还是小孩，无论是否有时间，都要在手边区域内为常用物品确定固定位置，之后整顿起来就会很轻松。

## ▌ 只有手边区域需要保持极简状态

本书中重要的收纳规则之一是将使用频率高的物品放在手边区域

# 将整理好的物品放在固定位置

① 整理

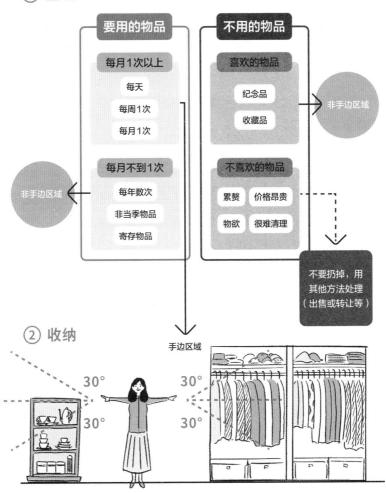

| 要用的物品 | 不用的物品 |
|---|---|
| **每月1次以上**<br>每天<br>每周1次<br>每月1次 | **喜欢的物品**<br>纪念品<br>收藏品 → 非手边区域 |
| **每月不到1次** ← 非手边区域<br>每年数次<br>非当季物品<br>寄存物品 | **不喜欢的物品**<br>累赘 / 价格昂贵<br>物欲 / 很难清理 |

不要扔掉，用其他方法处理（出售或转让等）

② 收纳

手边区域

30° 30° 30° 30°

内，便于使用。

为了让整间屋子保持极简状态而进行整理，难度很高，但如果目标只是**让手边区域保持极简状态**，应该可以做到。

总之，在手边区域内要维持良好的秩序。关于实现这一目标的规则，将从下一节开始讲解。

除了手边区域，家中的其他空间可以被看作储物区域。储物区域是指取放物品没有手边区域那么方便的收纳空间。例如壁橱的顶柜和底层深处、书架的最底层、楼梯和盲区的死角、储物间、玄关和阳台的收纳空间等区域。

**对于这些很难够得着的地方，手边区域的极简主义收纳规则并不适用。**

收纳在储物区域内的物品原本就是不需要经常取放的使用频率低的物品。如果可以通过拍照等方法掌握收纳情况并进行管理，就能以第116页估算出的可收纳容量为基础，尽量将物品收纳起来。

收纳和处理的方法

**4**

# 在手边区域内进行极简收纳

尽管很难让整个房间变成物品很少的极简状态，但至少要在手边区域内按照极简主义的收纳规则进行收纳，以便使用。

只要直接套用几种规则，就能自然地确定便于使用的固定位置。

第124页图中的房间乍一看似乎很整洁，但以这种方式收纳，只要一松懈，马上就会变得凌乱。

这种收纳方式的问题出在哪里？

# 为什么收纳失败了？

稍微一松懈，房间就会变得凌乱。造成这种现象的原因有5个。
究竟是哪些地方容易被弄乱呢？
答案见第125页。

客厅

衣柜

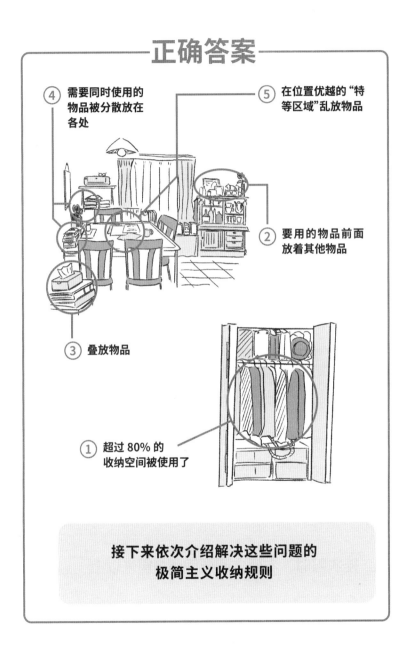

# 正确答案

④ 需要同时使用的物品被分散放在各处

⑤ 在位置优越的"特等区域"乱放物品

② 要用的物品前面放着其他物品

③ 叠放物品

① 超过 80% 的收纳空间被使用了

接下来依次介绍解决这些问题的极简主义收纳规则

## 手边区域的极简主义收纳规则①
## 对收纳空间的使用要控制在80%以内

收纳空间中存放的物品过多或者收纳空间几乎被塞满的状态并不是极简主义。

收纳空间应该留出20%的部分不用，这是能轻松保持整洁的关键。不能将收纳空间塞满，最多使用80%的空间。如果超过80%的收纳空间被占用，取放物品的难度就会增加。而且，一旦添置新的物品，家中物品的数量就会暂时增加，在收纳空间没有富余的情况下，这些物品无处存放。

很多在衣柜里塞满衣服的人平时几乎不穿衣柜里的衣服。他们会将洗干净的衣服暂时放在沙发上，而不是直接放进衣柜里。最终，衣服在沙发上堆得像山一样，他们就从沙发上的衣服堆中挑衣服穿。大衣和夹克等每天穿的衣服会被挂在门后的挂钩上或衣帽架上，可以直接拿起来穿上。衣柜里的衣服几乎不会被拿出来，家里的衣服总是到处乱放。

但是，即使是工作日忙得几乎没时间收拾的人，只要收纳空间有20%的富余，就算胡乱地放回物品，也足以应对物品暂时增加的情况，不会将物品堆在外面，轻松地保持房间整洁。

## 挂衣服时，衣架之间要间隔3厘米以上

容易占据超过80%收纳空间的物品之一就是衣服。

你应该记得挂在衣架上的衣服将衣柜塞满的样子，就像是三明治里的馅料。

就落地式衣架而言，只要够努力，可以挂很多件衣服。但是，如果塞得太满，拿衣服时会很困难，而且转眼就会变乱，两侧的压力还可能会让衣服变形。

因此，为了拿取方便以及避免衣服变形，应该在每2件衣服之间留出3厘米的空隙。一只手的厚度约为1.5~2厘米，如果留出3厘米的空隙，即使将手伸进去也不会碰到旁边的衣服，可以迅速地将衣服取出。而且，这样可以保持良好的通风，衣服也不容易起皱，无论是挂衣服还是取衣服都非常轻松。

想知道家中能挂多少件衣服，可以用尺子测量落地式衣架的长度。就像第109页提到的那样，能挂得下的衣服数量可以用"挂衣杆的总长度÷3厘米"这个公式计算。

普通的单人衣柜的长度为90~120厘米，大约可以挂30~40件衣服。至少为本月要穿的衣服留出3厘米的空隙，从容地进行收纳。

关于衣柜，还有一个要注意的地方——你是否总将空衣架一直挂在衣柜里的挂衣杆上？

空衣架可能会在挂衣服或取衣服时掉下来，也可能会划伤挂着的衣服，带来不好的结果。为了保持整洁，不要将空衣架一直挂着，请放到别处集中保管。如果本身对衣架没有特殊喜好，就不要买太多。

## 留出20%的富余收纳空间

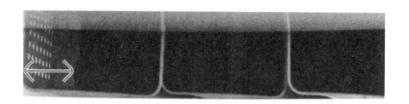

留出富余空间,不要挤在一起

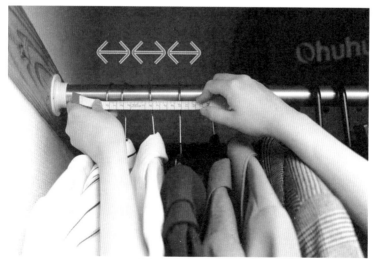

衣架之间间隔 3 厘米

## 手边区域的极简主义收纳规则②
## 不在要用的物品前面放置其他物品

如果在要用的物品前面放置其他物品，明显会妨碍整理。

我们往往不由自主地想利用空置的空间，例如将相框摆在书架上的书前面，或者将书放在文件上面。但是，**如果是放置常用物品的空间，最好留出取、放物品的通道。**

为了完成取出物品这个目标，所需的动作数量被称为"动作数"。

例如，一般情况下，取出或放回手边区域内书架上的书只需要1个动作。但是，如果书的前面有相框，就需要以下2步：

① 移开相框。

② 将书取出或放回。

这样一来，就变成需要2个动作，拿取书本的工作量变成2倍。

顺便说一下动作数的计算方法。例如，拿出抽屉里的衣服时，需要"拉开抽屉"和"拿出里面的衣服"这2个动作。

但是，如果抽屉里有好几件颜色相同的衣服，一旦开始思考该选哪一件，很快就会变成需要5个动作或10个动作。

因此，**将没有抽屉的书架和篮子放在手边区域内，可以用最少的动作数取放物品**，最适合用来存放每天使用的包、工作用品、家居服等物品。

## 手边区域的极简主义收纳规则③
## 不要横放物品，要竖着收纳

衣服、文件、食物不要横着堆放在一起，要竖着收纳。

将衣服堆在一起，就很难看见被压在下面的衣服，也很难拿出来。每次拿出下面的衣服时，衣服堆就会崩塌，很快就变得十分凌乱。

无法自己立起来的物品（如衬衫）及小物件（如袜子），可以用大型收纳用品套小型收纳用品这种方法隔开，会很方便。

像第125页那样，将文件横着堆放在一起，就会不清楚东西在哪里，而且每次从底部抽出文件都很困难。建议按照内容分类，分别放入不同的透明文件夹中，然后竖放在文件盒里。

像法式千层酥那样叠放，上部施加的压力会让衣服和纸张起皱。让它们单独竖立起来，在需要用到的时候只触碰必要的物品。确保抽出其中1个也不会让其他物品倒下，这一点十分重要。

冰箱里的调料、保鲜膜等日用品以及平底锅等烹饪器具也要竖着收纳。

因为大部分物品都无法独自立起来，所以要充分利用书架和文件盒，将空间细分成小块区域。如果盒子太大，就用塑料瓶或分装盒分成小份装进去，尽量不在盒子中留下横放的物品。

## 手边区域的极简主义收纳规则④
## 将需要一起使用的物品集中收纳在使用地点附近

**没必要将同一种类的物品集中放在一起。**如果需要一起使用的东西被放在不同的地方，会很不方便，临时放置的情况也会增多，很容易让房间变乱。

但是，如果将需要同时使用的物品固定放置在使用地点附近，就可以在需要的时候快速拿出来使用，并且用完能马上放回原处。

例如，将信封、信纸、钢笔、圆珠笔、邮票、剪刀放在同一个篮子里，就能组成"写信套装"，想写信的时候可以同时取出所有需要的东西，写完能马上收拾好；将钥匙、定期车票①、手帕、纸巾、口罩等物品一同放在玄关柜上，就可以防止出门时忘带东西；将胶带、劳动防护手套、绳子、剪刀集中装在篮子里，放入鞋柜中，就能在玄关处方便地包装或拆开快递。

**试着将想到的物品组合集中放在一起，如果没有太大的利用意义，就重新组合或者拆分。**

虽然不建议在这种时候买齐大件收纳用品，但是可以购买百元店的收纳篮和收纳盒，它们能够组合、拆分，非常方便。也可以像子母包那样，用小的收纳用品再次分割衣柜抽屉或衣物收纳盒内的空间。

除了相当擅长室内装饰的人，其他人首选的收纳用品是尺寸小且

---

① 日本的一种可以在指定日期范围内随意乘坐指定区间内的指定公共交通车辆而不需要额外付费的票据，与中国的月票类似。——编者注

# 竖着收纳，让取放物品更方便

小块的柔软布制品

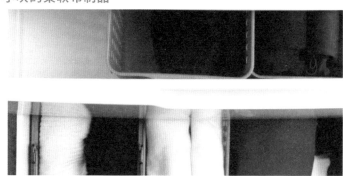

食品

**零碎物品用"大型收纳用品套小型收纳用品"这种方法隔开**

文件

衬衫、针织衫等衣服

按内容分类，放进文件盒
或抽屉里

日用品

厨房用品

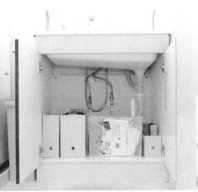

因为这些物品无法独自立
起来，所以要充分利用架
子等物品细分空间

## 将需要同时使用的物品集中收纳在一起

写信套装

- ·信封　·圆珠笔
- ·信纸　·邮票
- ·钢笔　·剪刀

出门套装

- ·钥匙　　·纸巾
- ·定期车票　·口罩
- ·手帕

颜色不显眼的篮子。顺便说一下，我很喜欢用Seria[1]的篮子，尤其是小号Seria白色收纳篮，我在家也经常使用。

选择收纳篮的时候要注意重量。如果篮子很重，或者盖子太结实、难以盖上，之后拿取物品会很麻烦。

可以先买一两个试用一下，如果觉得用起来很方便，再继续添置。

## 🚩 手边区域的极简主义收纳规则⑤
## 在最方便的地方只放最常用的东西

地板、架子和桌面上的物品都要放在固定位置上，不能默认将东西随意乱放。

特别要注意的是齐腰高的桌面和台面，例如餐桌、衣柜、橱柜、矮书架、玄关柜等。如果将东西平放在这些齐腰高的台面上，东西就会因为很方便放下而越堆越多，导致这些最显眼的地方看起来最杂乱。

这些显眼的"特等区域"应该用来放置使用频率高的物品。而且，需要对可以放在这些地方的物品制定严格的规则。

可以将每天都要用的物品放置在最方便放回原处的"特等区域"中。

例如，在玄关柜上放置篮子和盒子，只要确定好将哪些物品放在里面，就能轻松地保持清爽的状态。

---

[1] 日本的连锁百元店。——编者注

如果喜欢将各种物品无序地放在一起，可以设置1个能放任何物品的临时储物箱，周末时再将这些临时放置的物品放回正确的固定位置。

## 严格挑选使用频率高的物品，
## 放在"特等区域"中

在"特等区域"中放置使用频率高的物品或喜欢的物品

如果经常有物品被暂时放置在"特等区域"中……

无意中放在外面的东西可以放在临时储物箱中, 周末再放回固定位置

# 找准合适的固定位置

确定好每月使用1次以上的物品的固定位置，完成收纳，每次使用完毕都要放回确定好的固定位置。

可以模拟一下取放常用物品的场景。是否觉得将某些物品放回原处很麻烦？模拟时感觉不方便的地方可能是让房间变乱的隐患。特别要注意每周使用1次以上的物品的固定位置，收纳完毕再看看能否放回那个固定位置。

如果在收纳后的1周左右，还是觉得将这些常用物品放回固定位置很麻烦，就要重新确定固定位置。现在觉得麻烦的事，不管过去几个月，还是会觉得很麻烦。即使强迫自己坚持下去也很难做到。

整顿时应有的态度用孟子的话来说就是"由水之就下"[1]。不需要特别注意就能自然地将物品放去去，才是真正合适的固定位置。

这里需要明确的是，手边区域的极简主义收纳规则只适用于每月使用1次以上的物品。

关于每月几乎用不到1次的物品和不使用但喜欢的物品的收纳方法，会从第148页开始进行说明。

---

[1] 事物的发展如同水往低处流一般自然地进行。——编者注

收纳和处理的方法

5

# 如何应对房间被每月
# 使用1次以上的物品填满的情况

到目前为止，已经将每月使用1次以上的物品放在了手边区域。

如果在这个阶段，手边区域容纳不下这些物品（甚至连储物区域都容纳不下），很可能是因为有太多物品被定义为"每月使用1次以上的物品"。

对每月使用1次以上的物品进行划分的标准其实是因人而异且容易动摇的。

- 只有在赴约时才想穿的连衣裙和搭配的浅口高跟鞋。
- 想在特别的日子使用的珍藏餐具。
- 偶尔会翻看的心爱的书。

有时我们会像上述情况那样，将偶尔使用的物品划分为每月使用1次的物品。尤其是对物品的喜爱程度比较深的人，更容易有这种倾向。

请具体地回想一下，上次使用那些每月使用1次的物品是什么时候。有时，即使你认为自己每月使用1次，实际上可能2~3个月才用了1次。

如果想不起来，也可以想想这个月使用它的可能性大不大。

例如，我曾经有1条想每月至少穿1次的紧身裙，但那条裙子太紧，勒得腹部不舒服，实际上1年只穿了几次。

每个人都有虽然想用但因为某些原因不常使用的物品。要将今后很难频繁使用的物品从每月使用1次以上的物品类别中去掉。

## ▌如果有很多无论如何都想使用的物品，可以扩展用于收纳的手边区域

收藏衣服、餐具、书籍的人想用的物品可能会随当天的心情发生改变。请具体地考虑一下自己会在出现怎样的心情时使用某件物品，然后好好思考这个月是否会有出现这种心情的机会。

严格地将范围缩小到每月使用1次以上的物品，如果认为手边区域太小，请在确认家中居住空间的面积足够大之后，增加手边区域的收纳空间，例如购买架子。我就在房间中增加了2个组合抽屉柜和1个衣柜用于收纳。

但是，随着生活方式的改变，常用物品的数量也会发生变化，因

此，请尽量购买小型收纳用品。

另外，严格考虑物品的使用频率，确认哪些物品的使用频率较低。收纳这些物品时，要遵循每月几乎用不到1次的物品和不使用但喜欢的物品的收纳规则。

# 用4种方法清理不使用
# 也不喜欢的物品

收纳好每月使用1次以上的物品后，接下来要收纳的是不使用也不喜欢的物品。

属于这个分类的是从家里清理出去能让人变得幸福的物品。不过，没必要扔掉品相不坏的物品，可以用其他方法进行清理。

清理方法有以下4种。

品相好的物品：

① 出售。

② 转让。

③ 捐赠。

品相不好的物品：

④ 丢弃。

## 直接卖掉累赘物品和没能丢弃的昂贵物品

**如果某些物品只是累赘或者因为价格昂贵而没能丢弃，直接卖掉会很合适。**

对于一些提供二手交易服务的平台，可能很多人都很熟悉。大致可以分为Mercari、雅虎拍卖等二手市场平台和Brandear[1]、BOOKOFF[2]等收购平台。

如果很熟悉二手交易平台，可以准备1个专门存放用于出售的物品的箱子。

在二手交易平台出售数量稀少的珍贵物品及小众物品时，可能会卖出意想不到的高价，还能愉快地转让给认同那件物品的价值的人。例如，我的某位朋友带着温暖的心情以5000日元的价格将桌游转卖给了1个母亲。

不过，如果是从未用过二手市场平台的人或嫌麻烦的人，推荐使用收购平台。

我自己也会有觉得很麻烦的时候，很想马上卖掉，这种时候我就不会在二手交易平台出售，而是立刻寄给收购平台。将服装、书籍等物品寄给收购平台（免邮费），平台会在收到货物后迅速进行评估，卖家能够马上收到货款。尤其是在整理衣柜的过程中，Brandear对爱物之心比较强烈的人有很大的作用。

我曾为某位拥有很多名牌衣服的女士提供整理服务。那位女士虽

---

① 日本知名二手奢侈品收购、售卖网站。——编者注
② 日本最大的二手书连锁店。——编者注

然从母亲那里继承了很多名牌衣服，但从来不穿，那些衣服只能一直挂在衣柜里。

当我建议将这些不穿的衣服处理掉时，那位女士表现出明显的抗拒："这么贵的东西，怎么可能处理掉！"

但是，在将衣服装进Brandear的箱子时，我逐一询问她："这一件要留在衣柜里吗，还是卖给Brandear，或者扔掉？"她愉快地回答："那就卖给Brandear吧。"

大型家具等大件物品可以放在Jimoteii①上寄售。比起支付费用将这些物品作为大型垃圾处理掉，不如转让给附近的人使用，让这些物品继续发挥作用。

## ▌ 转让或捐赠附属品、零碎物品

一些附属品或零碎物品很适合转让出去。

例如，我在不知不觉中攒了许多像圆珠笔、回形针、剪刀这样的零碎物品，就主动带去工作场所和各种活动现场，供有需要的人使用。

**有些物品可以捐赠出去。**例如，可以将觉得有极高的文献价值而舍不得丢弃的书捐赠给附近的图书馆。

最了解书籍价值的图书管理员会以适当的方式处理这些书籍。如果自己还想看那些书，可以去图书馆阅读，这也是捐赠给图书馆的好

---

① 日本二手物品交易平台。上面大部分都是卖家既不想要也不想花钱处理的大件物品（在日本，处理大件家具等物品需要交费），一般需要买家就近自取。——编者注

处之一。每家图书馆都有关于接受捐赠的图书种类的规定（例如有些图书馆不接受漫画书），请在图书馆的网页上确认后再捐赠。与其让这些书在家里积灰，不如让它们帮助别人，使书籍的价值最大化。

除此之外，还有一些可以向发展中国家的儿童捐赠物品的服务，例如ECO Trading的玩具捐赠服务和"旧衣疫苗"等平台。

更简单的做法是在社交平台上传想转让的物品的照片，然后介绍给朋友和其他联系人。这样还能和很多人进行交流。以整理为契机，试着进行捐赠吧。


## ▌ 确定处理日期

从上述4种方式中选出处理每件物品的方式后，设定处理物品的截止日期。如果总是将既不使用也不喜欢的物品放在家里，好不容易完成的整理工作就毫无意义。

大致标准是在3周内将这些物品处理完毕。

按照第65页规划的日程安排，以所有整理工作结束的日子为起始点，确定每种处理方式的截止日期。可以参考第147页的工作清单。

**尽管已经确定了截止日期，但可能还有一些物品不知该如何处理。在这种情况下，可以制定一条规则：果断地扔掉到截止日期还没想好该如何处理的物品。这样一来，整理工作就完成了。**

## 心怀感激地处理不用也不喜欢的物品

### ① 出售

价格昂贵的物品、认为是累赘的物品

### ② 转让

很难处理的物品、重复的物品

### ③ 捐赠

有价值的书和旧衣服

### ④ 丢弃

破损或脏污的物品

# 确定每种处理方式的截止日期

## 工作清单

|  | 具体工作 | 截止日期 |
|---|---|---|
| 出售 | ☐ 卖给收购平台<br>（Brandear、BOOKOFF等） | |
| | ☐ 在二手交易平台上出售 | |
| 转让 | ☐ 准备交给买家 | |
| 捐赠 | ☐ 寻找受赠方并进行捐赠 | |
| 丢弃 | ☐ 作为一般垃圾处理<br>（可燃垃圾、塑料制品、玻璃瓶、易拉罐、废纸、纸箱、危险物品） | |
| | ☐ 作为大件垃圾处理 | |

收纳和处理的方法

**7**

# 储物区域的收纳要
# 进行高效的可视化管理

　　根据物品背面的标签，可以确定将每月使用1次以上的物品收纳在什么地方，以及如何处理不使用也不喜欢的物品。

　　最后，确定每月几乎用不到1次的物品、非当季物品和虽然不使用但喜欢的物品的固定位置，放到储物区域中。

　　以下是收纳这类物品的3个诀窍。

① 记录收纳了什么（拍照）。
② 装进箱子里。
③ 记录收纳空间里装了什么。

　　在收纳每月使用1次以上的物品的手边区域里，有许多符合极简主义收纳规则、便于使用物品的方法，例如只能使用收纳空间80%以内的区域、留出可以容纳1只手的空隙等。

而储物区域基本上是本月用不到的物品的固定存放位置，所以不必担心是否方便拿取物品。因此，可以将物品装进箱子里进行收纳。这样一来，即使空间很小，也能容纳很多物品，提高收纳效率。

## ⚑ 估算储物区域的收纳容量

到目前为止，手边区域应该已经被要用的物品占满了。现在，剩下的收纳空间属于家中的储物区域。

这些剩下的收纳空间都是很难够到却可以存放物品的地方，例如壁橱的顶柜和深处、架子顶部和下方、厨房和走廊的死角、阳台和门口的储物柜等。

统计储物区域的收纳空间，大致估算一下能够容纳多少个100厘米规格的箱子。

如果储物区域的总容量比每月几乎用不到1次的物品、非当季物品和不使用但喜欢的物品的总量更大，说明家中能够容纳所有物品。

如果家中的储物区域无法容纳所有想收纳的物品，可以仔细考虑是否真的打算使用它们、是否真的喜欢它们，看看能否减少物品的数量。

实在无法减少物品数量的话，也没必要叹气。还有1种可选择的扩展储物区域的迷你自存仓服务。第154页会对这种方法进行详细说明。

另外，如果居住空间足够大，可以添置收纳家具，为多出来的物品腾出更多收纳空间。但是，要先确认第114页记载的能够舒适居住的面积标准。如果轻易地缩小居住空间，那么用来放松的休闲空间也会相应减少。购买收纳家具不仅成本很高，而且不需要的时候很难处理，所以购买时一定要慎重。一定要记住，**不要移动放置在手边区域内的每月使用1次以上的物品**。

通常，如果开始收纳每月几乎用不到1次的物品、非当季物品和虽然不用但喜欢的物品，可能会因为不能将它们放在储物区域内而和使用频率较高的物品混在一起，或者放在更显眼的地方。这样就会破坏手边区域的极简收纳状态。

说到底，整理房间的首要任务是让常用物品便于使用。

## ⚑ 让箱子里的物品"可视化"，管理收纳位置

将物品收纳至储物区域时，会整齐地装进箱子里，但是要注意从管理的角度进行收纳。

将东西都装进箱子里的缺点是，很难从外面看到里面有什么东西。

无论是喜欢的物品还是不怎么用的物品，如果忘记了自己拥有的某件物品，拥有这件物品就毫无意义。而且，将收纳物品的箱子翻出来找东西也很困难，还会将房间弄乱，或者导致重复购买同一物品。

为了了解东西被放在什么地方，比起用自己的头脑记忆，不如用照片进行可视化管理。

以下是这种管理方法的步骤。

① 从拿出全部物品、贴好背面标签的时候开始（即整理完毕时，见第78页）。

② 一边进行第1步，一边为每件物品拍照（或者拍摄整体照片）。

③ 准备收纳用的箱子，贴上标签，写明内含物品的特点（如非当季物品、家人的名字及电话号码等）。

④ 在电脑或手机上创建文件夹，名称格式为"第3步中的标签内容＋收纳地点（如顶柜）"，然后将拍好的照片分门别类地放入各个文件夹中。

这样就完成了管理的准备工作。在手机或电脑上利用各类网盘进行管理，十分方便。

弄清储物区域和管理方法之后，就要根据每件物品背面的标签确定收纳地点。

收纳和处理的方法

**8**

# 收纳不怎么使用的物品
# 和非当季物品

## ⚑ 优先将可能会突然用到的物品放在房间里

即使同样是不常用的物品，章鱼小丸子的烤盘是可能会突然用到的物品，女儿节人偶[1]则是有计划时才会用到的物品。你可能会在朋友来访时突然想一起吃章鱼小丸子，但不会在3月之外的季节装饰女儿节人偶。

---

[1] 日本家庭会在每年的女儿节时期（3月3日）摆放做工精湛、造型华美的宫装人偶，祈愿家中的女孩健康成长、幸福平安。——编者注

但是，当你想使用某件物品的时候，发现那件物品被放在够不到的地方，就会后悔整理房间。

这种后悔的心情1年可能只会发生几次，所以那些极简主义者认为房间变大的喜悦比微不足道的后悔更重要。他们可以扔掉可能会突然用到的物品，但那些深深依恋物品或很讲究物品带来的体验的人应该会很沮丧，认为不该整理。

因此，**最好将可能会突然用到的物品集中放在能看到但不容易够到的地方**，例如壁橱的顶柜。不管是将物品放入顶柜中还是取出顶柜中的物品都很不方便，所以很适合用来存放不常用的物品。此外，如果家里有地板下收纳空间或阳台、玄关收纳空间，也可以用来存放不常用的物品。

我家也有一些可能会突然用到的物品，例如母亲来时会用的家居服和被子，还有各类仪式要用的包和零碎物品等。我将这些物品统一放在1个箱子里，置于顶柜中。

**将物品收纳在顶柜中的缺点是夏季容易受潮、不易通风，所以顶柜不适合用来存放相册、皮革制品以及易碎的收藏品。**

梅雨季节时，壁橱中充满了湿气，放在顶柜里的东西经常会发霉。易受损的衣物和被子要跟防虫剂一起放进箱子里，再放到壁橱的底柜中。真空收纳袋不仅可以防虫，还可以将物品的体积压缩一半，真是一举两得。

但是，如果这些被收起来的物品一直等不到突然要用的时机，可能会被遗忘，变成积压不用的物品。

因此，每个季节都要回顾第148页提到的收纳记录。如果发现有些物品一整年都没用过，可以考虑今后采用租赁的方式代替购买。

## 利用外部收纳服务寄存非当季物品和只在固定时期使用的物品

如果有多余的收纳空间，可以将不应季的衣物和被子等物品压缩后放入储物区域中。但是，如果储物区域空间不足，可以在下一个季节到来前利用外部收纳服务寄存物品。

外部收纳服务就是通常所说的"迷你自存仓"，即和提供外部收纳空间的平台签约后寄存物品的服务。

选择这项服务的时候一定要重视以下2点，确保能像自家的储物区域一样便于使用。

① 通过照片掌握自己寄存了哪些物品。
② 需要使用寄存物品的时候可以很方便地取回。

如果将东西暂时送去寄存，之后就不管了，这些寄存物品会变成积压不用的物品，只会白白浪费钱。

另外，比起在附近租用空间、自己开车运送物品的出租空间服务，通过快递将物品送去寄存、用手机或电脑就能管理存取物品的快递型寄存服务的性价比比较高。

由于物品存放地段的地价和收纳服务的使用费成正比，如果想节约一些，最好选择在地价比自己所在的城市便宜的小城市寄存物品。

收纳服务"Sumally口袋"是我们公司提供的服务，虽然有些自吹自擂的意味，但这项服务的确拥有迷你自存仓行业最便宜的价格——1箱的租金为每月250日元起。这项服务也能解决家中储物区域空间不足这个问题（还比大城市的房租便宜很多）。

另外，这项服务能够实现对寄存物品的可视化管理。工作人员会在仓库中打开用户寄来的箱子，为每件物品拍照，并且和用户共享，用户可以随时用手机查看自己寄存的物品。

寄存之后，可以通过手机操作将物品送到干洗店或修鞋店，如果想卖掉某些物品，也可以使用"委托雅虎拍卖转售"等可选功能轻松地实现。

**通过手机对寄存物品进行维护管理，比起将物品放在家中的储物区域里亲自管理，在时间上和精神上都更加轻松。**

我也在使用这项服务。因为家中的收纳空间不够用来存放我喜欢的物品，所以我寄存了6箱季节性用品（衣服、被子、娱乐用品）和珍藏物品（书、毕业相册、过期杂志）。使用这种服务，尤其会让管理非当季衣物变得很轻松。

提起整理换季衣物，大家可能会想到以下流程：

① 换季时将所有换下的衣服送去干洗。

② 从干洗店取回衣服。

③ 从储物区域中取出收纳箱，将当季衣物拿出来放在手边区域，将非当季衣物装进箱子里，放回储物区域。

这样的流程可能会让人觉得很麻烦，不知不觉就开始拖延。

但是，如果使用外部收纳服务寄存非当季物品，整理换季衣物只需要以下2步：

① 当气温开始变化时，在寄存服务系统中选择"取出箱子"。

② 从收到的箱子里拿出当季衣物，再将非当季衣物装进箱子里，寄回提供外部收纳服务的平台。

简单的2步能极大地减轻时间和精神方面的负担。

每到换季的时候，逐一回顾、管理寄存物品，同时查看收纳在家中储物区域里的物品，能够防止出现积压不用的物品。

如果我将寄存的6箱物品都放在家里，只能将放不下的东西杂乱地堆在地板上，或者搬到更宽敞的房子里，不然就只能扔掉。

当然，如果要寄存6箱物品，就需要每月额外支付2000日元的寄存费。但这样能够充分利用居住空间，过上舒适的生活。如同第11页提到的那样，大城市的房租很高，很难找到有充足收纳空间的房子。与扩大收纳空间需要的房租相比，寄存服务的租金更便宜。

可以从寄存1箱夏装和冬装开始，尝试使用外部收纳服务。你对收纳的理解一定会发生很大的变化。

## 使用外部收纳服务的好处

书         衣服         非当季物品

- 和占用家中收纳空间花费的房租相比，寄存物品更划算
- 和收纳在家中的储物区域里相比，管理物品更轻松
- 不会找不到东西
- 不必在转卖、干洗等维护方面花费精力
- 可以有效利用家里的空间

## 比收纳在家里管理起来更轻松

## 家中有太多虽然不用却很喜欢的物品，放不下怎么办？

收藏品就是虽然不用却很喜欢的物品。

与实用型物品相比，这类物品的数量更多，而且由于材料比较脆弱，很难妥善保管。特别是纸质物品、CD、DVD、照片、手办等，最好不要放在顶柜或壁橱下层等容易受潮的地方。装进纸箱再放进壁橱中也有发霉或褪色的风险。

如果优先考虑存放环境，只能同时使用以下2种方法进行保管。

① 清理衣服、日用杂货等物品，为收藏品腾出空间。
② 留下部分特别喜爱的收藏品，将其他收藏品送去寄存。

尽管大多数情况下不想丢弃物品，但还是应该再确认一下收藏品中是否掺杂着没那么喜欢的物品。一些可有可无的物品可以通过社交平台转让给朋友，或者通过收购平台和二手交易平台转卖给别人。

我服务过的客户中有位桌游爱好者。他用Excel表格列出了自己拥有的所有游戏，并且定期将这个游戏列表分享给他的朋友，经常和爱好相同的朋友互换游戏。

处理完可以转让的物品，收藏品还剩下几箱？

首先，将每天都想看到的收藏品摆出来作装饰。不过，如果摆得太多，很快就会积灰，不好收拾。收藏品最多摆5件。如果将除了这5件收藏品的其他物品送去寄存，就是上面提到的第2种方法。对于那

158

些无论如何都想放在身边的收藏品，要注意控制数量，放在家中安全的地方。在这种情况下，可以采取上面提到的第1种方法，果断地租赁衣服和家电等物品，腾出家里的空间。

关于租赁服务，会在下一节进行说明。

# 没那么喜欢的非常用物品
# 可以用租赁的方式代替购买

1年只用几次的物品和每天使用的物品一样占据着家中的空间。不是特别喜欢且不常用的物品可以用租赁的方式代替购买。

我只有1套参加婚礼用的礼服。最近，参加婚礼的机会变多了，不知道该不该再买1套。由于穿礼服的频率较低，所以我决定租赁礼服，这样不需要干洗费，省下了维护成本。

此外，宴会礼服及新潮的服装也可以改用租赁的方式获取。想长期穿的基础款服装可以自行购买，因为很新潮所以想试穿的衣服可以租来随便体验一下。

原本我就对自己的时尚嗅觉没什么自信，为了迎合潮流而买新衣服也总是事与愿违，多亏有这些租赁服务，我才下定决心不再为追赶潮流而购物。

另外，果汁机、家用炸锅、美容仪等潮流家电也可以租来试用。

**当然，这并不意味着可能会突然用到的物品都只能租赁使用。**

前段时间，我为某位热爱露营的顾客提供整理服务。他的家中摆了20多件户外用产品，例如帐篷和露营椅。

因为那位顾客1年只去露营几次，从使用频率的角度来看，露营用品并非常用物品。但是，他十分热爱收藏户外用品，平时只是看着它们就会很高兴、很满足。也就是说，那位顾客深爱的户外用品无法用租赁代替购买。

不用勉强自己购买没那么喜欢也不常用的物品，就像前面提到的时装和家电一样，可以用租赁代替购买，不仅能节省空间，还能让心情变得愉悦。

使用租赁服务，既可以防止冲动购买，又可以尽早尝试流行事物带来的乐趣。

在这个步骤的最后，作为回顾，总结一下之前介绍的各种租赁和处理方面的服务。请试着使用适合自己的服务。

# 租赁及处理服务清单

| | | | |
|---|---|---|---|
| 网上拍卖、二手交易平台 **出售**<br>**雅虎拍卖**<br>https://auctions.yahoo.co.jp/<br>**推荐点**<br>出售高价物品和受欢迎的物品等 | 二手交易平台 **出售**<br>**Mercari**<br>https://www.mercari.com/jp/<br>**推荐点**<br>希望能轻松送货的人 |
| 社交平台 **转让**<br>**照片墙**<br><br>**推荐点**<br>转让给朋友或亲近的人 | 图书馆 **捐赠**<br><br><br>**推荐点**<br>想分享书籍的人 |
| 玩具捐赠服务 **捐赠**<br>**ECO Trading**<br>http://www.ecotra.jp/<br>**推荐点**<br>处理不要的玩具 | 旧衣捐赠服务 **捐赠**<br>**旧衣疫苗**<br>https://furugidevaccine.etsl.jp/<br>**推荐点**<br>整理不再穿的旧衣服 |
| 时装租赁服务 **租赁**<br>**空气衣柜**<br>https://corp.air-closet.com/<br>**推荐点**<br>想穿潮流服装的人 | 租赁服务 **租赁**<br>**爱丽丝风格**<br>https://www.alice.style/<br>**推荐点**<br>想在购买前试用的人 |

# 你是否将自己的东西一直存放在父母家?

**日本人经常将东西存放在父母家。**

2019年8月,Sumally公司就存放在父母家的物品进行问卷调查。

令人吃惊的是,调查结果表明,在独立生活的人群中,每4个人中就有3个将东西存放在父母家。超过半数的人存放的物品一整个壁橱都装不下。这是相当大的量,其中大部分人似乎从开始独立生活起就一直在父母家存放这么多物品。或许是因为在开始独立生活的时候,没有整理好而无法带走的东西就那样留下了。

放在父母家的物品中,书籍、衣服、纪念品的数量最多。除此之外,还有收藏品、运动用品、被子等。

我也曾听朋友提起将毕业相册和高中时代的纪念品都留在了父母家,还有人说整理衣物时会将非当季的衣服和被子送回父母家。

在谈论这些时,他们没有一丝歉意,反倒乐观地认为这是能让父母看到他们的好机会、父母见到他们一定也很高兴。

从孩子的角度来看,将东西放在父母家非常方便。因为将非当季的衣物和被子、纪念品等1个月内不打算使用也无法扔掉的物品放在

## 将自己的东西存放在父母家

**Q** 家里有孩子存放的物品吗？

没有
26.7%

有
73.3%

**Q** 回答"有"的人，孩子存放的物品有多少？

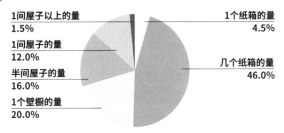

1间屋子以上的量
1.5%

1间屋子的量
12.0%

半间屋子的量
16.0%

1个壁橱的量
20.0%

1个纸箱的量
4.5%

几个纸箱的量
46.0%

### 存放在父母家的物品排行榜

第1名**书**  第2名**衣服**  第3名**纪念品**

第4名**收藏品**　第5名**运动用品**　第6名**家具**　第7名**被子**

- 调查对象：子女已在外独立生活的333位父母
- 调查内容：已经独立生活的子女在父母家存放物品的情况
- 调查时间：2019年8月 Sumally公司

家里，会降低收纳空间的使用率。而且，这样不像使用外部收纳服务那样费钱，一旦有需要就可以送去父母家，安全性也可以得到保障。

## ⚑ 父母觉得孩子存放的物品很碍事？！

但是，在父母看来，这些东西很碍事！

特别是母亲这一群体，感觉碍事的程度更强烈，大约有60%的母亲有这样的感觉。

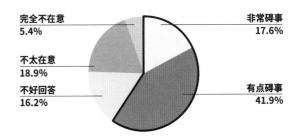

**约60%的母亲觉得孩子存放的东西很碍事**

 **对孩子存放的东西有什么看法？**
（以下数据来自200位回答者中74位女性的回答）

完全不在意
5.4%

非常碍事
17.6%

不太在意
18.9%

不好回答
16.2%

有点碍事
41.9%

在希望孩子能取走这些物品的母亲中，约30%的人还未向孩子传达过这个想法；约60%的人说过，但孩子并没有整理的计划。只有不到7%的孩子在知道母亲的想法后动手整理了。

在没有向孩子传达自己想法的母亲中，超过一半的人是因为孩子住在小房子里，觉得孩子很可怜。有很多父母未经孩子的许可就动了孩子存放的物品，结果引发纠纷的例子。例如，有些父母以为孩子不会再穿某双又旧又难闻的运动鞋，就拿去扔掉了，结果被孩子埋怨；有些父母看到孩子将化妆品到处乱放，以为已经用完了，扔掉之后却被孩子生气地质问为什么不说一声就直接扔掉。

其中，还有一些父母说自己因为随便使用房间被孩子抱怨，这是一个悲哀的现实——父母好不容易能享受只属于自己的生活，却因为孩子留下的物品无法随心所欲地使用自己的房子。

这项调查中有62%的受访者表示，由于孩子留下的物品占据了大量空间，导致他们无法充分地利用家中的空间。

实际上，想充分利用家中的空间是父母的真实想法。他们希望在梅雨季节能有晾衣服的地方，或者想将被孩子的物品占据的房间改成影音娱乐室或书房，还有一些父母想重新装修、改变布局。

当然，存放在父母家的物品使用频率很低，大约70%的物品一整年都没有拿出来过，父母也没有碰过。

父母每天会在家中度过很长时间，可悲的是，家中的某些空间和房间就这样被1年都不会用到1次的物品白白浪费了。

如果你也有存放在父母家的物品，请和父母讨论一下如何处理这些物品。当然，如果父母家有足够大的空间，他们也不打算搬家或重新装修，可以将物品依旧存放在父母家。就算是这种情况，也要定期整理物品，防止出现积压不用的物品。

如果觉得自己给父母添麻烦了，就慢慢地减少放在父母家的物品。

家中的收纳空间不够的话，可以重新检查一下储物区域，也可以使用外部收纳服务。

PART

3

轻松维持房间整洁

维持整洁的状态

1

# 每周抽出30分钟进行检查、盘点

顺利翻越了"整理"和"收纳"这两座大山，为所有物品确定了合适的固定位置后，再来谈谈如何维持整洁的状态。

我曾经询问熟人："如果有篇文章的标题是'只要整理3小时就能大变样的教科书'，你们会阅读吗？"

"我不擅长整理，所以一定会看！""如果只要3小时就能学会，我想学学看！"他们给出了各种各样的回答。但是，其中有位女士说："整理？抽空做一下就可以吗？为什么要花3小时？"

详细询问后我才知道，原来她和她的父母都是极简主义者，家中只有必需品。因为她一开始就只拥有必需品，所以对她来说，整理是指将稍微偏离原位的物品放回去，毫不费力。

如果平时物品的固定位置很合适，并且使用完毕会及时放回去，整理就只是一项内容为"快速修正"的轻松工作。

稍微整理一下就能让心情变好，没什么大不了的。只要抱着这样的想法，就能达到整理达人的境界。

实际上，从第2页提到的对居住在日本关东的600人进行的调查中可以看出，整理收纳意识较强的群体和意识较弱的群体整理1次花费的时间不同。

结果显示，在整理收纳意识较强的群体中，70%的人会在30分钟内整理完毕，剩下的30%会在10分钟内快速做完。而在整理收纳意识较弱的群体中，50%的人要花1小时以上，20%的人要花2小时以上。

总之，一旦整理得当，之后就能轻松维持。正因为轻松，整理的次数就会增加，便于维持整洁的状态，形成良性循环。

相反，如果在没有确定合适的固定位置的情况下胡乱地收拾，只会浪费时间，陷入觉得整理很麻烦的恶性循环。

既然好不容易整理好了，那就创造一个良性循环，一直维持房间的整洁吧。

## 用5分钟检查指定区域外是否有随意放置的物品

乘坐新干线的时候，乘务员会检查你的车票吗？

在自由席[1]车厢中，乘务员会从前到后逐一检票，确认没有未购票的乘客。而在指定席车厢中，乘务员不会逐一确认每位乘客的车票，只会在未售出的座位上有人时进行询问。对于那些坐在已售出的座位上的乘客，只要没有异常情况，就不会特意询问。

维持房间整洁和指定席的检票方式很相似——只要确认指定区域外是否有随意放置的物品即可。

例如，房间里的大部分东西都在固定位置上整齐地放着，当你将一些衣服放进衣柜时，如果发现原本间隔3厘米的衣架排列不整齐，就将其恢复成原状。或者看到桌子上杂乱地放着信件，那么将信件拆开后放回固定位置就可以。如果一开始确定的固定位置很合适，就能很方便地将每天都要用的物品放回原位，因此，这项检查工作用不了5分钟。


## ⚑ 懒得将东西放回原处的人可以使用临时存放箱

对于平时非常忙碌、懒得将拿出来的东西放回原处的人，建议使用临时存放箱。

你见过图书馆的还书处吗？

图书馆会根据书籍的种类、作者及内容详细规划书籍放置的位

---

① 日本的新干线列车分为指定席车厢和自由席车厢，购买指定席车票的乘客必须在指定席车厢按照票上的位置号码入座，购买自由席车票的乘客在自由席车厢中只要有空位就可以随意坐。指定席车票的价格一般比自由席车票贵。——编者注

置。只有图书管理员才了解其中的管理逻辑。因此，对外行人来说，如果不是直接站在书架前看书，很难在读完后将书放回原位。如果普通读者"体贴"地将某本书随意放回书架上，由于没有回到原位，图书管理员也不知道书被放在哪里，这本书就会处于"丢失"状态，非常麻烦。

所以，作为普通读者，应该将书放到还书处，让专业的图书管理员将书放回书架上，而不是随意放置。这样才能让书回到正确的固定位置上。

应用这个思路，可以设置临时存放箱，即用来存放以下物品的地方。

① 平时总会拿出来用但懒得放回原处的物品。
② 这周刚拿回家，还未确定固定位置的物品。

放弃工作日也要维持房间整洁的想法，直接将别人送的钥匙扣、朋友刚还回来的DVD、新买的杂货等暂时不知道该放在什么地方的物品先放到临时存放箱里。

然后，养成每周对临时存放箱进行分拣、检查的习惯。通常，这项工作5分钟左右就可以结束。

**需要注意的是，一定要1周清空1次临时存放箱。** 在不清楚临时存放箱里到底有什么东西的情况下，不应再放入新的物品。

每周清空1次，5分钟就可以恢复原状。如果临时存放箱里的物品慢慢地积着不动，就很难再放回原处。

最好用能一眼看清内部物品的容器充当临时存放箱。

# 利用临时存放箱养成每周检查的习惯

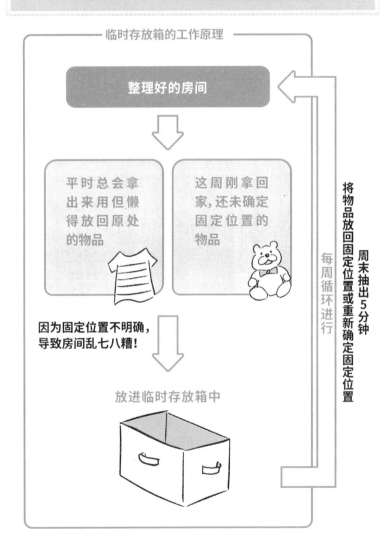

临时存放箱的工作原理

整理好的房间

平时总会拿出来用但懒得放回原处的物品

这周刚拿回家,还未确定固定位置的物品

因为固定位置不明确,导致房间乱七八糟!

放进临时存放箱中

每周循环进行

将物品放回固定位置或重新确定固定位置

周末抽出5分钟

## 用25分钟思考现在的固定位置是否便于使用并做出调整

在结束5分钟的检查后，剩下的25分钟要进行**循环盘点**。这个词语听起来可能很陌生，其实它是库存管理领域的说法。

所谓盘点，是指清点剩余商品的库存量，确认是否与账本上的数量相符。通常会在结算日期等固定的时间节点完成对所有库存的检查。这叫作"大盘点"。这时，店铺和物流中心会停止营业，几个人在24小时内进行协作，一口气完成全部盘点任务。

循环盘点则不用停止营业，只要少量多次地检查库存。也就是说，**整理过程中的循环盘点不会妨碍正常生活，只要每周确定1个类别，对特定种类的少量物品进行持续检查和整理。**

即使在手边区域为经常使用的物品设置了恰当的固定位置，但随着季节和自己心情的变化，每个月经常使用的物品也会发生变化。

另外，整理好之后，如果不断地买新东西，东西就会越来越多。如果一直局限于已经确定的固定位置，不知不觉间物品就会被放到不方便的地方，导致房间变得凌乱。

每年在固定的时间进行整理也可以，但是从效率的角度来看，一下子花费大块时间并不现实。季节在转换，自己的心情也在变化，如果不经常审视自己的房间，日常生活的便利程度就会大打折扣。

因此，**每周抽出25分钟，重新审视一下现在的固定位置是否合适吧。**

例如，季节变换时需要整理换季衣物。

就我的情况而言，每过两个月，我常穿的衣服就会发生细微的变化。

当然，并不是所有衣服都要换。同一条裙子可以搭配长筒袜，也可以搭配紧身裤，还可以搭配对襟开衫。搭配上的变化其实很小。

但正因为这些是每天都会用的东西，能否将这些细节反映在固定位置上十分重要。

**不必事先制订计划来规定本周循环盘点哪些类别，只需要对有问题的部分进行整理。**例如，以鞋柜右边的架子有些乱、书架有些挤这样的问题为主题，进行整理。每周选出1~2个小主题，将这部分物品全部拿出来，逐一重新评估并确定其固定位置。

像这样的循环盘点，1个部分大概留出10~20分钟就可以。

找不到整理主题时，可以将手臂平伸，用手触碰房间里的手边区域，检查在手能触碰到的可移动范围里有没有放着这个月好像用不到的物品。

如果感觉有些区域内的物品完全没被碰过，或者同一类别的物品集合中有10%的物品没用过，即使一眼看上去很整洁，也要将这个类别的物品全部拿出来，重新评估固定位置。

## ▌遵守每周花30分钟检查的原则，养成不过度收拾的习惯

虽然刚开始整理时会觉得难度很大，一旦做起来就会觉得很有意思，会越干越有劲儿。但是，如果维护工作超过30分钟，看到什么都想整理，这种想法非常不好。

当你回过神，发现已经埋头整理了三四个小时，会觉得非常疲惫，到第2周时就会得过且过，跳过检查工作。如果持续跳过检查工作，物品就会从固定位置溢出，家里很可能又变成原始状态。

　　如果没有客人登门这种要花3个小时整理的临时且紧急的事情，**每周的检查、盘点工作只要30分钟左右就能结束。**

　　每周30分钟的检查最好可以固定在每周的某日某时，像这样纳入常规日程会比较容易实行。

　　我会在每周六早上9点一边听喜欢的音乐，一边洗衣服，同时还会抽出时间进行本周的检查和盘点工作。

　　每周稍微花一些时间，为物品确定合适的固定位置，营造轻松、舒适的居住环境吧。

# 储物区域的物品要定期维护

我们每天都会看到摆放在手边区域的那些每月使用1次以上的物品。而放置在储物区域的不常用的物品和不用但喜欢的物品一旦收纳起来就容易被遗忘。壁橱顶柜及下层深处的空间、玄关前的收纳空间等区域一不小心就会被塞满。这种被塞满的状态甚至会维持好几年。

特别是虽然不用但很喜欢的纪念品，如果想不起来，很容易变成永远不拿出来看的藏品。随着时间的流逝，对物品的喜爱程度也会发生变化，所以有必要每半年将里面的东西全部拿出来重新审视一遍。

这时，第148页提到的收纳箱内部物品的照片就能发挥作用。首先看看照片，回忆一下里面有什么，如果半年都没有碰过，就从箱子里将物品一一拿出来。

收纳时觉得很喜欢、对自己很重要的物品，过一段时间再拿出来看时，可能会意外地发现自己已经不喜欢了。这样的话，就要检查是否可以扔掉这些物品，或者考虑用这半年中添置的纪念品替换。

另外，也要重新检查每月几乎不会使用的物品里是否有1年都没有实际用过的物品。在清空箱子的时候，也可以仔细考虑一下好几年没穿的浴衣、很少有机会玩的桌游等物品是否真的有用。

按照第80页的整理过程制作"待定箱"并将东西放进里面的话，一定要定期检查。可以将决定的考虑期限写在计划表上，并且放在换季物品附近，用来提醒自己。

如果放进待定箱里的东西过了半年还是1次都没用过，甚至连放了什么东西都想不起来，也可以和箱子一起清理掉。

如果拿不准的物品占据了用来放置新增的心爱之物的空间，就会非常可惜。**如果犹豫了半年，尚不能确定是否还喜欢，说明这样物品对自己来说并不重要。**

定期关注、检查，不让几个月来1次都没碰过的东西占用家中的空间，就能提高房间的利用率，通风状况也会变好，房间会变得充满生机。

## ⚑ 每季度都要用手机检查寄存的物品和季节性用品

在第154页介绍的有关收纳过程的内容中提到，如果储物区域的空间不够，可以使用外部收纳服务寄存物品，这种情况下也要像对待自家的储物区域一样，定期检查里面的物品。

建议在季节交替或每季度末时用手机检查寄存的物品。特别是衣服、被子等季节性用品，在季节更替前取回来比较好。

作为判断换季更衣时间的诀窍，请记住气温的3个分界点。

- 25摄氏度：短袖和长袖的分界点。
- 20摄氏度：长袖和毛衣的分界点。
- 15摄氏度：毛衣和外套的分界点。

除了季节性用品，在同一时间也要逐一确认自己是否真的需要那些不常用的物品和不用但喜爱的物品。

如果不定期检查，自家的储物区域和外部收纳空间也会出现积压不用的物品。和花费房租的储物区域一样，有偿租用的外部收纳空间中的物品如果一直不用，会非常可惜。

如果对自己持有的物品抱有疑问，就从外部收纳空间中取出来（如果觉得已经不需要了，可以将寄存的物品直接卖掉）。

每次换季，我们都要面对自己，重新审视自己对物品的感情。

维持整洁的状态

# **3**

# 如果又变乱了……

经常听到有人抱怨:"好不容易花时间进行整理,几周后又变乱了,恢复了之前的样子。"

因此,现在就房间又变乱的原因和遇到这种情况时的应对策略进行说明。

如果按照正确步骤进行整理,就会觉得保持房间整洁是很简单的事。相反,一直觉得整理很麻烦的人很可能在第119页提到的确定物品的固定位置这个步骤就失败了。

实际上,整理的前半部分是最累的。因为要一直使用大脑,甚至会觉得比整理之前更痛苦,想要放弃。这正是本书提到的步骤2和步骤3——整理和收纳阶段。

但是,当你克服了反复整理、收纳的问题,一定会感觉比整理前轻松许多，非常舒适。之后应该就能继续保持下去。

然而，如果整理完毕也不觉得很轻松，就意味着固定位置不合适。

这一点不仅适用于整理，甚至适用于世间所有的"变革"。

**引进新制度时，最让人感觉疲劳的是"引进的瞬间"。**

例如，想象一下你是某间餐厅的店长。你工作的餐厅之前只接受电话预订，预订信息都是以手写的形式记录在店铺的台账上。

店员在繁忙的营业时间内忙于接电话，台账上写了许多人名。由于过于混乱，店员无法很好地确认客户是否取消了预订或变更了时间。

于是，你想到了引进网上预订、用电脑管理台账的制度。长期来看，店员既不会忙于接电话，也不会漏写客人的预订，改革带来的似乎都是优点。

但是，如果要从本周开始推行这项新制度，作为店长的你必须负起责任，承担相关工作。工作包括选择网络预约和台账服务系统、签订合同、学习如何使用、培训员工、确认系统能否顺利运行。

在这个过程中，可能会遇到很多问题。在这个新系统能顺利运作之前，作为负责人的你一定时刻处于焦虑的状态。

因此，在店员能够轻松地进行独立操作之前，你必须在几个月的时间里承担这份责任。

**觉得整理房间很困难的原因从概念上来说是一样的。**

所谓整理，就是逐一面对自己拥有的每件物品，为它们找到最合适的位置。总之，和漫无目的的生活相比，这显然是一项让人身心俱疲的工作。因此，很少会有人真心觉得整理很快乐。特别是在房间出现明显变化前的时期，会感到痛苦和不安，因为不知道这段时期会持续多久。

## 如果整理得当，会比整理之前更轻松

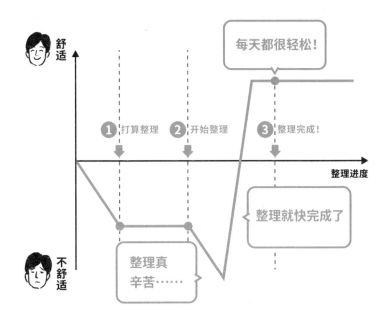

　　但是，一旦仔细整理完毕，比整理之前更轻松、舒适的生活就开始了。

　　当然，你至少需要在周末进行30分钟的维护工作，但这比刚开始做的整理工作轻松许多。

## ▌ 有时，与整理前相比，并没有变轻松

在整理东西之前，应该遇到过时间和经济方面的问题，例如不能马上找到需要的东西、购买重复物品、在家里无法放松等。

与整理和收纳的工作量相比，如果觉得整理后的生活更轻松，那就代表整理十分成功。但这一点很难做到。

再说回刚才那家餐厅的例子。

假如你顺利引进了网上预订和台账管理系统，让店员从不停地接电话和写错台账的状态中解脱。本以为店员都在努力地接待客人，没想到出现了接连不断的麻烦：一些不擅长操作电脑的老店员无视新系统，仍然使用纸质台账；客人继续打电话预订；店员输入了错误的台账，导致重复预订……店员纷纷抱怨工作比引进新系统前更麻烦了。面对这些情况，很难说这是一次成功的引进。

引进新制度时，总是会发生意想不到的问题。不必因为刚开始出现不满意的地方就放弃，只要一一解决问题，继续前进即可。

如果出现问题却放任不管，结果只会比引进前更糟糕。明明是出于好的考虑引入的制度，却增加了日常行为的规则，反而降低了效率。重要的是如何解决这些问题，努力向前迈进。

## ▌ 重新检查"结构"就不会再次变乱

当你觉得好不容易整理完毕却无法维持房间整洁状态的时候，不

要不问缘由地责怪自己，认为是因为自己懒惰。

**某件事情无法继续下去，可能并不是因为你的内心出现了问题，而是因为这件事情的运作方式本身就是错误的。**

如果觉得维持房间整洁很辛苦、稍微松口气房间就会变乱，并不是决心的问题，而是前一阶段的整理工作本身就失败了。不必责怪自己，重新规划物品的固定位置即可。

其实，不一定是整个过程完全失败了。失败的可能只是整理过程中的某个部分。首先要弄清失败的部分以及当前面临的挑战是什么。

在遇到工作问题和家庭纠纷时也一样，如果只是有种说不清楚的不安，觉得"这个项目总体上不怎么样"或者"丈夫的心情好像不太好"，情况也不会变好。不过，没必要因为某些方面的问题而对现状做出极端的判断，例如觉得"我们应该终止这个项目"或者"应该和丈夫离婚"。

**调查现在进展不顺利的原因，尽可能地按细节分类，从可以改进的事情开始采取行动，才是解决问题的捷径。**

首先，环顾一下杂乱的房间，找出显眼的散乱物品类别。

为了能更客观地看待现状，可以将房间内的情况拍下来，看看地板上散乱放着的东西具体是什么，想想是因为什么样的原因而散乱。在具体回想自己的生活方式时，客观地分析原因。例如，可能会遇到以下几种情况：

● 工作日回家后很累，随手脱掉衣服就放着不管，觉得挂起来很麻烦。

- 早上出门前的时间很紧张，将东西拿出来却没时间放回去。
- 书架被塞得满满的，很难将书放回去，所以经常放在沙发上。

一旦弄清缘由，就可以大致将房间散乱的根本原因分为以下3点：

① 东西依然很多。

② 固定位置不合适。

③ 购物太多、经常收到礼物。

接下来，逐一介绍解决方案。

## ⚑ 东西依然很多

有时，明明已经检查了所有物品，清理了不需要的物品，物品数量仍然超出了自己的管理能力。

第126页的手边区域极简规则提到，对收纳空间容量的使用不能超过80%，如果有物品多出来的地方，要检查一下是否使用了超过80%的收纳容量。

即使是在电视节目和杂志上经常出现的整理收纳顾问，在工作繁忙的时候也会将物品量减少到收纳容量的50%左右。无论是多么出色的整理专家，如果工作很忙，也很难让塞得很满的物品集合保持整洁。东西越少，管理起来越不费劲。

如果是平时忙于工作并且几乎顾不上做家务的人，最好将手边区域的物品减少到50%~60%。

要做到这一点，首先要确保通过寄存、出售、捐赠等方式至少清理掉1箱储物区域的物品。

例如，没必要将非当季物品放在房间里，可以寄存1箱。然后将其他物品放在空出来的地方，在使用频率较高的手边区域留出更多空间。

除了注意物品的数量，也要注意收纳空间内的物品的使用频率。如果这个月还未碰过衣柜里某个区域内的物品，就要特别注意，这些物品很可能成了积压不用的东西。

理想状态是，放置在收纳空间中的物品每月至少要使用其中的一半。如果不用的物品超过一半，就要再次检查，某些情况下或许需要清理掉。

如果身体总是不动，就会"生锈"。房子和人的身体很像。让我们以打造一个"血液循环畅通、肌肉量饱满"的健康的家为目标吧。

## ▶ 固定位置不合适

如果将常用的物品放在不易拿取的地方，整理过程中就会出现无用功。

动作越少，整理花费的时间越少。家里是否有不太方便的收纳用品？例如不多次拉出来就无法取出物品的柜子、很难拧开的罐子等。与收纳技术相比，操作简单更重要。最好清理掉这些会增加动作数的收纳用品。

另外，动作流程也很重要。

每天最紧张的时刻就是早上。经常有人向我咨询："早上匆匆忙忙的，因为不知道该穿什么衣服，所以拿出了好几件衣服。晚上太累了，不想收拾，衣服脱下来就一直放在那里……我该怎么办才好？"

关于这个问题的解决办法，很多人会提出改变生活方式的建议，例如早些起床就不用赶时间，晚上一定要收拾好早上弄乱的东西再睡觉。

实际上，这些目标几乎毫无意义。当你将整理放在第1位的时候，你是否有动力早上早起、晚上努力收拾？在现实生活中，很多事情比整理更重要。如果加班到很晚，第2天能为了收拾东西比平时早起5分钟吗？即使你很想努力，很多时候也只是三天打鱼，两天晒网。

**因此，正确的解决方案是：提前建立一套流程，确保在忙碌的早晨和疲惫的夜晚即使不努力收拾也不会让房间变乱。**

将衣服拿出来又放回去是因为不知道该穿什么。也就是说，由于之前没有任何准备，早上出门前开始思考该穿什么衣服，才会造成这种混乱的状态。只要在睡觉前预先准备好第二天要穿的衣服，就能解决这个问题。工作日比较忙的人可以在周末预先准备好接下来1周要穿的衣服，挂在方便拿的地方。只要做到这一点，平时就可以从左至右依次取下衣服，直接穿上。另外，准备1个脏衣篮，将回家后脱下的衣服放进去，也能防止将衣服扔得到处都是。工作日没时间叠衣服并收进衣柜里的人可以准备1个用来放干净衣服的大篮子，这样就能简单地构建只在休息日叠衣服即可的整理结构。

此外，如果背包、手表、皮带等常用物品都被散乱地放在不同的地方，要用的时候就得来回走动才能拿取这些物品。**拿取单个物品的动作数自不必说，整个早上的动作数也是越少越好。**

为了能在早上按照既定的动作流程完成准备工作，一定要将要用的物品放在一起。

然后，回顾一下在第50页的步骤中拍摄的照片。特别杂乱的物品是什么？这些物品会在什么时候使用？

一旦确定了自己24小时的行动所需物品的固定位置，就尽量不要改变自己的生活方式。只改变物品的放置方式，验证一下这样是否会造成散乱吧。

## ⚑ 购物太多、经常收到礼物

如果家里的东西太多，例如经常购物或收到礼物，无论多么努力地制定整理规则都无济于事。

如果觉得自己总是购买很多没用的东西，可以事先检查一下家中的存货，列出购物清单，不在清单上的物品绝对不买。

此外，购买折扣商品要适度。便宜的商品不是非买不可，家中只要备有足够的必需品即可。

喜欢实惠的人请放弃用购买物品来获得这种感觉，转而去享受餐饮店的折扣等"体验式获利"吧。如果住在大城市里，要支付高额房租或房贷，更无法轻易地通过购物获得实惠。

由于职业关系而经常收到书籍和文件的人可以考虑将这些物品放在公司里或者送去寄存。

还有一些人将购物当成一种爱好。在这种情况下，不必为了整理放弃自己的爱好。但是，为了守护自己的爱好，要将购物量控制在适度的范围内。

# 房间再次变乱的3个原因

①东西依然很多

②固定位置不合适

③购物太多、经常收到礼物

**解决方法**

①减少手边区域的物品，留出空间。

②尽量减少动作数，重新确定适合自己生活方式的固定位置。

③随着物品的增加，提前决定处理规则。

经常有人说："买一件新衣服，就扔掉一件旧衣服。"**如果很难扔掉已有的物品，就转让给别人或者送去寄存，总之要从家里清理出去。**但是，如果仍然坚持将某些物品放在家里，就根据喜爱程度进行判断，有意识地减少其他类别的物品（例如书籍），腾出空间。

如果将收纳空间的使用率提高到80%以上，不管花多少时间都无法整理好。

对于他人赠送的礼物，要以尽量不收为前提。如果收下了，就制定"1周内用掉或转让给别人"这种规则。

**最后，无论是自己买的东西还是别人送的东西，最好在带回家后立刻拆开，在便于使用的状态下确定固定位置。**如果带回家后不立即确定固定位置，一直留在包装袋里，这些袋子就会不断增加，使好不容易买回来的物品最终成为积压不用的东西。

如果养成每次都将物品放回固定位置的习惯，渐渐就会懒得将那些难以放回固定位置的东西带回家，也不会随意领取赠品。

维持整洁的状态

4

# 利用各种方法让整理的
# PDCA循环①运转起来

房间反复变得凌乱的各位，了解原因了吗？

找到原因后，一定要重新整理，解决问题。

整理并非一劳永逸的事。整理一下，试着感受一下，觉得不满意就重新整理。无论重来几次都可以，请利用PDCA循环，创造更加舒适的房间。

如果你仍然感到沮丧，不知道凌乱的原因，也不知道解决方法，千万不要自责，可以试着询问其他人的意见。一个人独自烦恼，意志也会消沉。向他人请教的话，有时会从意想不到的地方得到指引。

---

① 指将质量管理分为四个阶段：Plan（计划）、Do（执行）、Check（检查）和Act（处理）。——编者注

另一方面，如果完全没有动力或者不知道该怎么做，建议请整理收纳顾问上门服务。专业人士会严格地进行整理指导。

如果想让顾问帮忙整理整间屋子，大约需要20~30个小时，费用也会非常高。

可以尝试请专业人士指导几次，直到掌握诀窍。如果陷入僵局，可以再次向整理顾问咨询。

如果不想花钱，可以请来**擅长整理的家人或朋友**，就具体的问题向他们询问意见。

和别人一起整理自己的东西，即使只经历过几次，也会非常有效。这样会产生坚持整理的动力，因为可以一边和别人交谈一边进行整理，比起一个人默默地做，更容易掌握诀窍。

擅长整理的人即使没有亲临现场，只要看看照片就能找到解决方法。可以将物品凌乱的样子拍给对方看，询问解决方法。

自己总是处理不好的时候，如果让周围的人参与进来，可能会好转。

无论如何也要抓住最初的成功，等进入正轨后再回到整理工作中去。


## ▶ 看看最初拍的照片，感受自己的进步

如果总担心自己整理得不好，可以查看在第50页的步骤中拍摄的照片。

也许家里现在还没有达到杂志上的样板间那样的标准，但生活肯

定比之前方便一些。

　　看看自己的房间有多大的进步，和过去的样子进行对比，回顾一下自己的努力。


　　如果物品的固定位置不合适，生活会比整理之前更不方便。我也曾多次因为太注重美观性而整理失败，反复出现生活比整理之前更不方便的情形。

　　**整理和收纳都需要反复试错。**如果之前的布置更便于生活，干脆恢复到整理之前的样子。为此，要认真拍摄整理前后的对比照片，保存不同阶段的房子的照片，记录变化。然后，**慢慢地反复试错，为每件物品找到更好的固定位置。即使失败了，也能立即放回原来的位置，不会有太大影响。**

　　不断挑战自己，直到觉得每天的生活都很轻松。一起慢慢打造一个最适合自己的家吧。

专栏

# 你的物品会记录你的人生历史

　　我曾有机会去某位漫画家的家里进行采访。

　　那位漫画家珍藏着小时候在笔记本上画的插图、中学时代画的漫画等纪念品。

　　"将来如果要建造关于我的纪念馆，这些都是我想展出的物品。"那位漫画家微笑着叙述的样子给我留下了深刻的印象。这种将生存方式通过物品传递给下一代的形式让我深受感动。

　　对我来说，我所拥有的一切，无论社会价值如何，都是记录人生轨迹的重要物品。小时候母亲给我做的玩偶、父亲出差给我买的礼物、祖父留下的手稿和文具、祖母留给我的长裙……平时我会将这些物品放在箱子里，小心翼翼地保存起来。当我偶然拿起来的时候，会因为想到在家人的支持下活到今天而充满感激之情。

　　生命中那些不想忘记的事，例如为了考试努力学习、求职、留学、在社团里的快乐回忆等，之所以能被记到现在，是因为承载着回忆的物品就在房间里。

有些人可能认为留在脑海中或者保存照片就够了，但如果想记住当时的气味和触感，还是要靠留下来的物品。

2019年4月，在年号变更为"令和"之前，Sumally公司以"平成年代末的整理"为主题对用户进行了问卷调查。

在从平成年代变为令和年代的时间点，很多人进行了回忆盘点。

有人经历过昭和、平成两个年代，严格挑选出每个年代的亮点物品，保存在箱子中。

有人出生于平成元年（即1989年），将年号变更当作自己人生的节点，通过整理物品来回顾自己的人生。

也有人将悠悠球和游戏机保存起来，作为平成年代的纪念品。据说当时一起玩游戏的朋友成了他的挚友，是他人生中非常重要的存在。

对一个人来说，拥有的物品是生命的缩影。

你的生存方式会通过你的物品影响他人。

也就是说，整理房间其实是总结你到目前为止的人生历史的过程。抛开那些让你感到自卑或认为是累赘的物品，建造一个只属于自己的充满爱的"纪念馆"吧。

## 守护对物品的爱意，实现理想生活

**我的老家有很多充满爱的物品**

# 后记

从我步入社会到现在为止，遇到过很多极有品位的人。

最初影响我的是和我同期进入公司的由佳子女士。无论是身上的穿戴还是家中的摆设，由佳子女士所有的个人物品都具有统一的风格。她是一位能够通过物品展现独特风格的人。即使只买一瓶香水，她也会花整整两天精心挑选适合自己的款式。听说她有许多从事创意性工作的家人，留给她不少东西，能让人从细微之处感受到她有别人无法效仿的世界观。

虽然我并没有卓越的品位和创造力，但我想创造一个让拥有美好世界观的人不必忍耐，可以随心所欲地生活下去的社会。

我写这本书是为了让所有热爱物品、希望通过物品来表现自己的人过上更幸福的生活。

年复一年，城市里的房子越来越小，年轻人对物品的拥有欲也越来越冷淡。在极简主义被认为是主流的情况下，我十分担心那些热爱物品的人会生活得很艰难。

虽然物质消费正在被精神消费取代，但个人品位的精髓仍然只能通过拥有物品来感受。

对我们的创造活动来说，物品是财产、是原料、是基础。

为了产出一件美丽的物品，很有必要拥有一百件美丽的物品。

不管日本的房子如何变小，我不希望除了可以长期使用且不占地方的东西，什么都卖不出去。

从"使用"这个角度来看，我认为即使效率低下，美丽、可爱、有趣的物品被重视的社会才是富有创造力的。

整理不是拖泥带水的精神理论，它有干脆、果断的结构。不必因为整理得不好就否定热爱物品的自己。

如果本书介绍的方法能在你的生活中发挥作用，让你意识到自己被多么可爱的物品围绕着，对我来说没有比这更令人高兴的事。

其实，整理房间对我自己的生活也有好处。我可以在房间里开展一个人就能进行的兴趣活动——练习普拉提和观看搞笑节目。

虽然看起来只是微不足道的乐趣，但是能够在家里进行的兴趣活动实际上有巨大的力量。不管怎样，拥有这些小乐趣的要求不高。不管是早上六点还是凌晨两点，只要在整洁的房间里练十五分钟普拉提，身体就会变好；无论是雨天还是雪天，在温暖的房间里看搞笑节目总是很有趣。

当然，也可以和朋友见面或者出去走走。但是，在被工作耗尽精力的夜晚，只有整洁的屋子不会辜负你。

早上醒来就能看到常用的物品和心爱的物品；晚上回家，温暖的家居服和妈妈亲手缝制的玩偶就会迎接你。我认为，只要拥有这间屋子，不管外面有多大的压力，我都能以自己的方式对抗。

我希望那些对许多事物抱有爱意的人们能够充分展现他们的个性，享受美好的每一天。

共同参与策划出版本书的人们也对物品怀有深深的爱意。包括大山、谷中在内的Discover出版社的各位，包括山本、谷本、清水、山口在内的Sumally公司的同事们，以及在整理和采访方面给予协助的各位，还有教会我最完美的家是什么模样的父母和弟弟，请允许我向他们表示诚挚的感谢。

米田玛丽娜

2020年3月